智力爆炸

Andrew Carnegie's Gift

[美] 拿破仑·希尔（Napoleon Hill） 著

陈尚敏 译

中国科学技术出版社

·北 京·

ANDREW CARNEGIE'S GIFT/ISBN: 9781454936091

Copyright © 2020 by The Napoleon Hill Foundation.

The simplified Chinese translation rights arranged through Rightol Media.（本书中文简体版权经由锐拓传媒取得 E-mail:copyright@rightol.com）

北京市版权局著作权合同登记 图字：01-2020-7276。

图书在版编目（CIP）数据

智力爆炸 /（美）拿破仑·希尔著；陈尚敏译. —北京：
中国科学技术出版社，2021.3
　书名原文：Andrew Carnegie's Gift
　ISBN 978-7-5046-8881-1

Ⅰ.①智… Ⅱ.①拿… ②陈… Ⅲ.①成功心理－通俗读物
Ⅳ.① B848.4-49

中国版本图书馆 CIP 数据核字（2021）第 054038 号

策划编辑	杜凡如　赵　嵘
责任编辑	陈　洁
版式设计	锋尚设计
封面设计	马筱琨
责任校对	邓雪梅
责任印制	李晓霖

出　版	中国科学技术出版社
发　行	中国科学技术出版社有限公司发行部
地　址	北京市海淀区中关村南大街 16 号
邮　编	100081
发行电话	010-62173865
传　真	010-62173081
网　址	http://www.cspbooks.com.cn

开　本	880mm×1230mm　1/32
字　数	265 千字
印　张	9.5
版　次	2021 年 3 月第 1 版
印　次	2021 年 3 月第 1 次印刷
印　刷	北京盛通印刷股份有限公司
书　号	ISBN 978-7-5046-8881-1 / B·66
定　价	79.00 元

本书由影响了几代人的美国现代成功学大师和畅销励志书作家拿破仑·希尔撰写。1908年，希尔有幸采访了美国钢铁大亨、"世界钢铁大王"——安德鲁·卡内基。卡内基概述了17个个人成功原则，并委托希尔通过采访美国当代成功人士，深入研究这些原则。

由于希尔采访卡内基的时间是1908年，美国已经走向工业化，新兴技术层出不穷，经济快速发展。因此这次的访谈中会包含二人所处时代的政治、经济等相关方向的论述。虽然这些论述与我国实际情况有较大差异，但是希尔对于个人成功哲学的研究，对于现阶段的我们仍有较大的借鉴意义。成功的方法不分国界，不会过时。因此我们仍然希望把个人成功哲学的精华展现给读者。希望阅读本书的你可以通过学习和践行本书中的内容，成为一个成功的人，同时可以为社会奉献一份力量。

最好的安全感是发自
内心的个人安全感。

——安德鲁·卡内基

阅读一份很少人读过的手稿挺奇怪的。更奇怪的是，这份手稿讲的内容基于发生在一个多世纪以前两人之间的对话，而他们对话的内容放在今天依旧直击我们面临的几乎每个问题，人际关系、教育、政治、职业发展、无家可归、商业管理、经济独立，甚至是民主。

本人师从拿破仑·希尔多年。你现在手中拿着的这本书有它的独特之处。在读这本书的时候，我像手捧着珍宝似的，它让我感到热血澎湃，而我不记得此前有过这种体验。

书中为我们绘制出希望与成功的蓝图。本书是由世界上非常成功的人士提供的干货内容组成，并由历史上著名的畅销书作者之一编写的。

为了更好地展现本书本身所具有的能量，我们有必要快速地了解安德鲁·卡内基他那低微的出身。卡内基人生的前 13 年是在苏格兰度过的，随后在 1848 年举家迁至美国，并在当地寻得稳定的工作，日子渐渐好转，新生活的大门开启。但即便漂洋过海，这个家庭依旧未能摆脱收入甚微的状况，因此在抵达彼岸的同一年，小卡内基为了帮补家用，在一家纺织厂找到了一份工作，每天工作 12 小时，每周工作 6 天。

尽管家境清寒，但这个小男孩却聪明伶俐，充满求知欲。当地一名商人同意让他定时地去一家图书馆看书，在这种环境里小卡内基的求知欲得到了满足，也正是出于对这位商人善举的感恩之心，他发誓当自己变得富有的时候，一定要向其他穷苦人家的孩子伸出援手。卡内基的潜力第一次在不起眼的出身背景中被激发出来。

多年以后，这颗坚不可摧的慈善种子依旧深深根植于钢铁帝国的基业之中，彻底改变了钢铁行业，让无数平凡的工人跻身百万富翁之列，并为无数其他行业创造了机遇。

不过有趣的是，卡内基用了一辈子成了有史以来最富有的人，却在晚年将自己所有的财产都捐赠出去。当然，他并不是随便在城市的某个街道上"天降金雨"，也并非直接把物资捐给有需要的人。这位商业奇才意识到有一个远比金钱更有价值的东西，这份财富深植于每个人的心中，为世界增添了光彩，那就是：潜力。

如果社会能够找到某种方式，承认并释放地球上每一个人自身的潜力，那么和谐之音会响彻世界。毕竟这也是卡内基的愿景——和谐。身处和谐世界的人民会乐善好施，尽其所能坚持学习，勤奋工作，以自己的方式让这个世界变得更加美好。若全世界的人们都能在和谐的状态中工作，组成智囊团，那么人们的生活标准、对健康的投入和整体目标感都将大大提升。

卡内基去世时，考虑通货膨胀的因素后，其个人财富估值超过4000亿美元，但这位钢铁大亨从不追求财富上的名声，他坚信衡量一个人在他短短的地球之旅中是否成功的真正标准是他帮助了多少人。卡内基相信富有的人有义务回报，因为他意识到掌握一切的自然法则，是人类、地球、经济都紧密相连。你向水中投掷石头，水面会泛起涟漪，反过来这涟漪会和你产生联结。你影响一者，即影响全体，反之亦然。

时至今日，卡内基仍被列为史上杰出的慈善家之一。卡内基在商业上的精明能干助其积累巨大的财富，他以慷慨之举帮助了无数人，帮助出身低微的工人获得教育的机会，为深受战乱侵害的国家寻求和平的出路。

《思考致富》（*Think and Grow Rich*）让那些只冲着标题而来、不惜一切代价获得财富的人们大感困惑。希尔在书中对卡内基有一段恰如其分的描述："他对金钱的态度，从他在自己去世前把大部分财产捐出来中可见一斑。"这名来自苏格兰的成功人士在忙着考虑如何用最佳的方式把自己此前积累的超过 90% 的财富回馈世界的同时，尽力打造并分享一种越广泛越好的实用的哲学，向日常生活中的人们展现如何释放自己的才华。可以说，这个哲学涵盖了生活中所有的要素与障碍。

读者们，请好好利用此刻你手中所捧的这本书传递出来的力量——它很可能是你读过的最能改变人生的一本书。但更重要的是，你要意识到自己内心的能量与头脑中的智慧能引领你创造任何想开创的世界。

本书为你提供了应对生活中各方面挑战的蓝图，助你打造此前从未想过的巨大机遇。这份蓝图由三大基本原则组成：自律、从失败中学习以及运用黄金法则。这是一本关于领导力的书，它教你首先掌握自己的人生，其次帮助他人掌握他们的人生。对于那些正处于创伤的至暗时刻、深受心碎折磨，或者遭遇不幸的人们来说，本书提供了一个让人重新站起来的实用方法，它的能量远超你想象。

书中会展现卡内基与希尔两人的对话内容，每个对话结尾希尔都会给出自己详细的分析，举出现实世界中的案例，与我们分享他从中所获以及如何化为己用。当然，这些材料无疑是永恒的，我还是随后增添了一些注释，更好地说明每段对话和分析的关键点，并提供了一些现代生活中把这些原则付诸实践的案例。我提供的这些注释都进一步地印证了卡内基所教导的思想在持续激发着更多的创新，改变着每个行业，并诞生了我们今日为之喝彩的成功者。

尽管卡内基与希尔两位先生是在 1908 年进行的对话，但书中所列出的希尔的分析则是在 1941 年才完成的。我敢断言，你一定和我一样感到讶异，书中一些久远的内容竟然能够在当今世界引起共鸣，尤其是在数字时代，它仍直击着我们今天面临的大多数问题的核心。

就个人而言，我必须向唐·格林致以最深切的感激。格林先生是拿破仑·希尔基金会的执行董事，我十分感激他对我的信任，委以这份重要的书写项目。希望人们在卡内基这位享誉全球的创业家、思想领袖和文化大家的激励下，寻得属于自己内心的力量。

我曾采访过无数人，他们都将希尔视为自己成功的"催化剂"，世上还有成千上万的人也怀有相似的感激之情。当然希尔是最早向这位钢铁大王卡内基表示这份感激的人，感谢卡内基让其整理并与世界分享自己的个人成功哲学。

我十分荣幸有机会再次接受拿破仑·希尔基金会的邀请，与你们分享本书。尽管我写的内容无法到达两位前人的高度，但我希望自己所述的能够为世界做出一份贡献，为这些充满力量的教导提供明晰的阐释，为你提供一条明确的路径，从而使你在自己的生活中应用这些教导。

然而，我必须提醒你，本书并非供你远观的奇景，远远不是。本书旨在邀请你深度地与生命融合——请你开始思考自己最渴望获得的生活状态，行动起来去创造这些生活，并在成功之后帮助世界上的其他人唤起他们内心的渴望。

正如希尔所说："行动是衡量智力的真正标准。"这些被评判的行动将成为你的生活、你的影响、你的遗产。你过往发生过什么并不重要——你在某次标准化测试中考了低分，没有得到哪个心仪的岗位，某段感情恶化，或者是什么意外的病痛阻碍了你。唯一重要的是你**现在和今后要做什么**。

读者们，我希望你现在已经感到兴奋了！当你阅读完由我的挚友唐·格林写的简短的序言后，邀请你与我一起聆听卡内基与希尔这两位大师之间的对话。愿他们的教导能继续"照亮"我们所有人身上的潜能。

詹姆斯·惠特克

　　1909 年，年轻的杂志记者拿破仑·希尔被派去采访钢铁大王、慈善家安德鲁·卡内基。他原本只想做一个简短的采访，用来撰写杂志文章，但年轻的希尔最终花了好几个小时，听卡内基解释他所信奉的让自己与他人成功的原则。卡内基邀请希尔在接下来的 20 年里无偿地采访美国的伟大人物，以发展和阐明个人成功哲学。

　　希尔接受了挑战，并写下了《成功法则》(*The Law of Success*)，在与卡内基会面 20 年后的 1928 年出版。这本书详细地介绍了他 20 年来采访数百名成功商人所得精华。1937 年，希尔出版了一本名为《思考致富》的经典书籍，这本书几乎被译成世界上其他每一种语言，至今仍然是一本畅销书。

　　1941 年，希尔写了一系列小册子，名为《智力爆炸》，每一本都对应着他在与卡内基讨论的 17 个原则中的一个。出版几个月后，美国参加了第二次世界大战，这些小册子被束之高阁，基本被人遗忘了。1962 年，希尔成立了拿破仑·希尔基金会，旨在永续个人成功哲学的教学。该基金会从其档案中检索到这些小册子，并从中选择了 3 个原则列入本书。

　　第一章讲述有关自律的原则，希尔对卡内基进行了采访。卡内基解释了自律对于控制 7 种积极情绪和 7 种消极情绪以鞭策行动力的重要性。他阐述了运用自律来控制和利用最强烈的情感：爱与性的重要性。此外，自律能让人对过往的问题和负面情绪"关闭大门"。

卡内基告诉年轻的希尔，我们能够通过13条心理学公式不断增强自律，这份公式能作为日常的原则。他认为，这对于要将一个人的明确目标转化为成果来说至关重要。接着，他提出了自律与意志力之间的关系，描述了两者对于实现成功目标有多么重要。卡内基的论述令人信服，他指出自律对于成功运用他提出的成功公式来说，不仅是有益的，更是必要的。

希尔在完成对卡内基采访的报告后，详细讲述了许多通过自律而获得成功的人的成就，这些人包括查尔斯·狄更斯、罗伯特·路易斯·史蒂文森、本杰明·迪斯雷利、吉内·腾尼、马歇尔·菲尔德以及众多克服了严重的身体疾病而取得成功的人，包括海伦·凯勒、西奥多·罗斯福、托马斯·爱迪生。希尔讲述了艾丽丝·玛布尔如何通过自律挑战医生的观点，并成为世界网球冠军的惊人故事。他还提出了如何利用自律来控制自己头脑里的6个区域的信条。

紧接着，希尔详细解释了如何通过自律和转变来克服过去的困难与失败，这对于那些在感情世界里受伤的人来说极为重要。他在文章结尾分析了为什么大萧条结束后一段时间和第二次世界大战开始的时候，许多美国人失去了自律，变得越来越依赖政府救济。

第二章着重讲解从失败中学习的原则，也是本文一开始就展现的1908年希尔对卡内基的访问。卡内基说，他送给世界的礼物是让人们有自我决断力的知识，并教会人们如何在与他人的关系中找到幸福。他的个人成功哲学让人们解放自己，尤其是那些遭遇失败后成为自己思想的囚徒的人。他列出了招致失败的45个常见原因，最重要的就是缺乏明确的主要目标和缺乏意志力。

我们必须视失败为暂时的难题，这是要求我们付出更大努力的挑战。卡内基说，人们必须把绊脚石变成垫脚石。他列举了克服身体残疾并取得成功的人物，如海伦·凯勒、爱迪生和贝多芬。面对逆境，他们培养了自己的意志力和自律能力。

卡内基解释了，语言甚至是身体的攻击如何被精神与思想的力量所打败，而无须蛮力。失败也可能是有益的，就像身体上的疼痛一样，它在告诉我们有些地方需要修复了。悲伤也能使一个人的态度从消极转化为积极，这需要我们运用意志力，克服失败与不幸。

希尔在摘录了先前采访的内容后，分析了卡内基对他说过的话，以及他在历次挫折中学到的经验教训。他列举了导致失败与挫折的习惯，并敦促读者列出清单，自己对照着清单去改正这些习惯。在卡内基提出的招致失败的 45 个常见原因中，只要拥有了明确的目标，就能消除其中的 18 个。希尔通过沃尔特·马龙（Walter Malone）的诗，以及拉尔夫·瓦尔多·爱默生的文章，雄辩地阐述了即便是最沉重的悲伤和最残酷的悲剧，也能引导一个人挖掘身上的力量，并用健全的人格去克服它们，取得更大的成功。

第三章，也是本书的最后一章，解释了黄金法则的运用原理。本章依旧从年轻的希尔采访卡内基开始。卡内基解释了运用黄金法则的诸多好处。也许这些好处对于受惠者来说微不足道，但对于施予者来说却获益良多。通过遵循黄金法则，一个人能够获得思想的和谐，从而发展出健全的品格。此外，运用黄金法则能够驱逐贪婪和自私，并引导其追随者不断做出有益的贡献。

卡内基列举了更多遵循黄金法则能够获得的好处，包括消除反对意见和促进合作，这无疑会带来成功。他总结说，如今遵循黄金法则的人还不够多，而这样的局面有可能带来国家的崩塌。

希尔通过对黄金法则的分析来展现这次采访。显然，他认为这是个人成功哲学中重要的原则之一。他将遵循黄金法则描述为过一种"非个人的生活"——无私的生活。

希尔指出，运用黄金法则可以培养出坚强的性格，而坚强的性格会带来过剩的信心，在意志力和理性都不足以让人应对紧急情况的时候，这种信心是必要的。他解释了如何运用黄金法则驱动人类行动的

9 种基本动机中的 5 种。

接着，希尔列举了许多人运用黄金法则使自己与他人受益的例子，包括约翰·D.洛克菲勒、威廉·佩恩、本杰明·富兰克林、西蒙·玻利瓦尔、弗洛伦斯·南丁格尔、"苹果籽"约翰尼和范妮·克罗斯比。他还讲述了运用这条黄金法则而大获成功的美国企业，包括可口可乐公司和味好美公司。

卡内基委托希尔用 20 年的时间来发展个人成功哲学，这样人们就能获得巨大的财富，但更重要的是，人们能接受到如何与他人和谐相处的教育。卡内基是一名慷慨的人，他将自己大部分的财富都捐给了改善人类生活的事业，为英语国家修建了 3000 多座公共图书馆，做出了巨大的贡献。

然而，他最大的天赋是个人成功哲学。他在 1908 年与希尔的访谈中就已经发现了这一点，并从那时起，希尔就不断对其进行改进、发展，并一直不断完善，直到 1969 年去世为止。

在本书中，你会学到如何更好地运用这 3 个原则，过上幸福、平静而又有意义的生活。

唐·格林

拿破仑·希尔基金会（2000 年至今）执行董事

任何如此规模的项目，需要正视安德鲁·卡内基和拿破仑·希尔的巨大影响，都需要大量的贡献与支持，这是真实生活中发挥智囊团原则的案例。

首先，感谢唐·格林以及拿破仑·希尔基金会，感谢你们让这些重要的教导经久不衰，并将其传播到几乎世界上所有的国家。你们的努力付出继续为那些最需要希望的人加油鼓劲，为那些有勇气跳出自身现状，拥抱更宏大格局的人们展现了更具希望的未来。感谢你们对我的信任，让我承担这个项目。我非常荣幸能再次为拿破仑·希尔基金会服务，并期待余生继续传授这些经验。

感谢卡内基，您帮助人们实现自助，并将永远以一名典型慈善家而永垂不朽。因您的远见卓识，整理并传播助人获得成功的蓝图，这份适用于所有人的蓝图继续改变着世界上每个行业的面貌，即便是在最贫困或悲惨的情况下也可以应用。这份蓝图还激励着其他人贡献自己的时间、自由和专业知识提高生活水平，创造出比我们想象中更光明、更和谐的未来。我代表全人类，向您致敬。

感谢希尔，您与生俱来的好奇心比您惊人的写作才能更为可贵。通过如本书一类的《思考致富》《成功法则》以及其他几十本书，您持续不断地向我们展示了所有人的希望，为自由、幸福和成功提供了清晰的蓝图。我希望我在本书中所做的贡献能符合您所制定的极高标准。

感谢莎伦·莱希特提供资源协助开展这个项目，并领导了金融扫盲运动。您不仅为这个世界变得更加美好做出了杰出的贡献，您还是一名企业家、演说家和慈善家，对于我与其他许多人而言是良师益友。

感谢斯特灵出版社，感谢你们从第一天起就对这个项目感到兴奋，不知疲倦地工作，以期将其交到尽可能多的人手中。感谢你们对我的信任，并在无数重要的幕后工作中给予指导。

感谢我的妻子珍妮弗，感谢你的辛勤付出、爱与善解人意，这些不断激励着我。尤其感谢你在漫漫长夜，舟车劳顿和紧急截止时间到来，在状况百出的情况下予以支持与理解。还要感谢我们美丽的女儿索菲，她的微笑让我感到自己是这个世界上最幸福的人。感谢我的父母诺埃尔和杰拉尔丁，感谢你们为家庭创造了一个无条件的爱的空间，并过着坚守正直的生活。

最后，感谢所有读过本书并坚持不懈采取明确目标行动的人。永远不要低估你为周围人树立榜样的力量。

詹姆斯·惠特克

第三章

■ 运用黄金法则：对待别人就如你希望别人如何对待你一样 /195

践行黄金法则使人敞开心扉，使人们通过信念接受无限智慧的指引；践行黄金法则帮助人们坚守良心，建立更和谐的人际关系；践行黄金法则可以培养更迷人的性格。

第 一 章

自律：
掌控你的思想

思想、教育、知识、天赋
——若不付诸行动，
一切皆空谈。

——拿破仑·希尔

学习本书的最佳方式

拿破仑·希尔

这一章所讲的内容无法在短短的一两篇文章里讲完，它所讨论的主题涵盖了本书讨论到的其他原则[①]。本章在结尾将讨论整个精神现象研究领域里最为重要的主题之一：你能够通过什么样的原则来引领自己的 6 个思想维度，让它们朝着自己所希冀的方向发展。

本章对 6 个思想维度的讨论（包括最后对自律这个问题的讨论），将帮助你迅速领略到一个人想要把握自己人生所必须具备的能力。文中将仔细阐述一个原则，从而使你能利用这个原则来获得这种能力。但请读者们不要被迷惑，以为这个原则像它表面上看的那样简单，而低估了它在自身领域里所具有的广阔可能性，因为这个原则是个人成功哲学领域里的"金钥匙"。

每个人在学习与运用了这个原则之后，都能自主地把握自己的思想，而这也是我们获得成功的必经之路。我们会遇到逆境、面临暂时的失败，以及产生忧虑和诸如愤怒与畏惧这类负面情绪，但通过这个原则，这些都能被利用并转化成一个人实现人生主要理想的动力。这个原则解释了安德鲁·卡内基所说的"每一个逆境里都蕴含着一颗能与之抗衡的种子"。此外，原则也阐述了我们能够用何种方法促成这颗"种子"发芽，并使之绽放出鲜艳的机遇之花。

[①] 如果想了解其他原则，可以阅读拿破仑·希尔其他系列著作《思维致胜》。

请各位读者在研读和消化卡内基所分享的走向成功的方法之前，不要轻易地下结论，认为自己对书中所讲的道理已经了如指掌。请你依照以下这封阅读指引信所指导的方法阅读本书，并在阅读过程中用心领会，观察自己身上所发生的变化，你会大吃一惊的，并清楚地意识到自己插上了想象的翅膀，激情满注，积极主动，独立自主，以至于那些不曾注意到你的人开始对你另眼相看。你的眼界将变得更为广阔，此前的问题将得以解决，如纷乱雪花逐渐消融在阳光之下。你会发现自己变得充满希望，步履坚定，并开始用新的眼光看待这个世界，由此自己与他人的关系也将变得更为愉快和谐。

如果你能从本章中了解一切呈现在你面前的内容，那么所有这些及其他承诺将得到兑现。

不要匆匆读完本章。阅读的时候也要思考。用自己的亲身经历来检验里面的内容，观察它是如何准确地描绘某些真理的，尽管你可能永远无法了解它们的全部意义。阅读的时候，手拿着笔，在你印象最深的地方画线，并时常回过头来看看这些句子，把它们表达的思想变成你自己的。

编者按

我们开始之前，先快速思考一下阅读这类书籍的最佳方式。希尔的书已经在全球销售超过 1.2 亿册，但并非每一个读过这本书的人都能够真切地感受到其中的力量。你觉得这是为什么呢？很多人对我说，这本书不仅真正地改变了他们的生活，光是盯着这本书的封面就会让他们感觉更为良好。但是也有些人在试着读这本书的时候却全然不知生活中发生了什么改变。为什么就同一页上的同一句话，有的人把梦想变成了现实，而有的人却只是继续幻想呢？

这种截然对立的情况和读者，或者说有声读物的听众如何阅读这本书有关。这不是一本你浏览完就放在书架上的小说。为了充分地利用这本书，你应当在手边准备一个记事本，思考一下如何将这些经验应用到自己的生活中，然后就去做！如你在书中所看到的那样，行动是这本书的核心思想，也是整个个人成功哲学的核心主题，行动对你来说也应当是一个核心主题。

重要的是，研究表明，如果你把目标写下来，你实现目标的可能性会增加 42%，这就是这本书的真正力量，它们能点燃你巨大的潜力。

在谈到思想和行动的关系的时候，卡内基指出："无法掌控我们的思想，掌控行为也将无从谈起。"就连最厉害的成功公式也必须要通过行动表达出来，否则毫无用处。

自律：
个人成功的主要条件

或许在英语里，没有一个词能比本章主题更能描述个人成功的主要条件了。书里讲的整个哲学体系旨在帮助人们培养控制自己的能力，这是取得成功的众多条件中最重要的一条。

在本章中，卡内基不遗余力地强调自律的必要性，因为他从自身与千万人打交道的经验中认识到，一个人要获得引人注目的成功，就必须首先学会控制自己！从自身经验和对他人的观察中，卡内基理解到一个人一旦开始掌控自己的思想并依赖它，那么这个人将获得最高秩序的胜利，凭借这份自律他将轻而易举地实现自己下定决心要做成的事情。

这么一来，自律实际上就是我们要掌控自己的思想！

这条自律的定义简练清晰，意义深远，若罔顾其中深意，就无法参透个人成功哲学整个体系。不过幸然我们已经得知掌控自己思想的方法，本章将会清晰地描述具体的方法。但如果我们仅仅得知方法而不付诸实践，那么这样的知识是无法发挥效用的。自律不是乘法表，不是我们把几个要素合在一起就能获得的能力，它需要我们按照本章所列出的步骤坚持不懈地付出心力。因此，自律的代价是永无止境的警醒与努力，践行这些指导原则。除此之外别无他法。我们要么通过自身的努力实现自律，要么一事无成。

不自律的人宛若落叶，随风飘零，任流而转，与任何个人成功的事物毫不沾边。

那些能掌控和运用自己思想的人，能够自主地把握自己的人生，并获得自己所希冀的东西。而那些无法掌控自己思想的人则听从生活的指导，我们不需要提供更多的例证也能知道，他们常常陷在柴米油盐中团团转。

现在非常荣幸地，我将带您来到卡内基的私人书房里，邀请您来听我以学生的身份接受卡内基在自律上的指导。

希　尔 ————

卡内基先生，您将自律作为个人获得成功的原则，请问您能描述一下自律在个人成功中所扮演的角色，并说明我们如何在日常生活中培养和运用自律吗？

卡内基 ————

没问题。我们先谈一谈自律的一些用处吧，然后我们再来讨论我们能用什么方法让那些愿意付出努力的人们将这个重要的原则化为己有。

自律源于我们对思想的掌控。无法掌控我们的思想，掌控行为也将无从谈起！因此我们可以说，自律鼓励我们先思后行。然而现实往往与之相反——人们常常在行动前不加思考，甚至他们行动时是否有过思考还是两说。

自律能让我们完全控制 14 种主要情绪。它能让我们消除或者说征服 7 种消极情绪，并以我们所希望的方式锤炼 7 种积极情绪。这种控制带来的结果是显而易见的，我们发现大多数人都生活在这些情绪控制之下，对整个世界而言也是如此。

如果能从头开始算的话，自律必须先从完全驾驭以下这 14 种情绪开始。

7 种积极情绪

7 种消极情绪

    所列的这 14 种情绪都是不同的精神状态，我们可以控制它们并左右其发展的方向。显而易见的是，其中的 7 种消极情绪若不加以控制会带来灾难性的后果。然而另外 7 种积极情绪同样在不受控制和驾驭的情况下，也有可能带来极具破坏性的后果。这 14 种情绪既能让我们爆发出成功的潜力，也能将我们推入失败的深渊，而这是任何教育、经验、才智或善心都无法改变或控制的可能发生的事情。

编者按

自律是卡内基众多教导和希尔继承理念中的核心主题：正如我们握有能走向成功的"宝剑"一般，我们同时握着能带来自我毁灭的"利剑"。无论我们发出的指令是好是坏，我们的思想会根据这些指令来控制着我们的行为。有一点很重要，正如现代技术和便利所揭示的那样，追求便捷是人类的天性。如果我们头脑不清醒，不知道自己想要的是什么，那么我们的注意力很容易就会被分散，做事一拖再拖，被一些轻松琐碎的事情占据精力，比如狂追电视剧、吃零食上瘾，或者漫无目的地浏览社交媒体。然而，如果我们立志成功，那么我们就不能忽视积极情绪和消极情绪之间的平衡，并且要头脑清醒地意识到这些情绪是如何左右我们的行为轨迹的。

我很荣幸地在全球各地登台演说，每一场演说里我都会放出一张幻灯片，上面写道："每一天，你若不决定去赢，那么生命就会自动帮你决定去输。"这种情绪是直接受到希尔教导的影响，他认为，成功取决于人们想要成功的意识。明白这个道理，对于所有想要拥有极高成就的人来说是最基本的要求。对于那些不拥有成功意识的人来说，他们将最终被迫咽下贫穷、疾病和痛苦的滋味。《思考致富》换一种角度而言也有可能变成《思考致贫》——因为前提是一致的。

你的首要斗争蕴藏在你的思想当中。

希 尔 ————————————————————

有一点似乎是显而易见的，那就是如果人们无法控制这 7 种消极情绪，就会走向失败。但人们却不太清楚该如何利用 7 种积极情绪来达到自己的理想目标。卡内基先生，请问您能否为我们解释清楚？

卡内基

可以，我会清晰地给你说明这 7 种积极情绪如何转化为持续不断的动力，帮助你达成自己的理想。我觉得要把这点说清楚，最好给你举一个人的例子，这个人有效地利用了自己的情绪，他就是查理·施瓦布，而我对他情绪利用的研究是基于长期与他亲密共事的经历。

他与我共事后不久，就下定决心要成为我的商业体系中不可替代的部分，因此他为自己的欲望明确了努力的方向。在实现自身欲望的过程中，他遵循了以下成功原则：

（1）有明确的目标。

（2）智囊团。

（3）迷人的性格。

（4）践行信念。

（5）多走 1 公里。

（6）有组织地付出努力。

（7）拥有创新致胜思维。

（8）自律。

而通过自律这个原则，施瓦布有效地统筹了其余 7 个原则，并将其牢牢地把握住。为了增强自身的自律，他将自身最深切的感情投到了对同事的忠诚上，对工作保持热情，希望通过自己的工作获得成就，并坚信自己能够做到这一切。而使他能够增强这一切情绪的动力来源于他对他妻子的爱意，施瓦布正是希望通过自己获得巨大成就来使自己的妻子感到高兴。

显而易见，激发施瓦布组织和利用自己情绪以达到明确目标的动力来自两点，即爱和对财富的渴望。

需求是天性的情人与指引。
需求是天性的主题和创造者，
是她的约束，也是她永恒的法则。

——列奥纳多·达·芬奇

希 尔

我想我懂了。卡内基先生，我再复述一下自己对施瓦布先生成功事迹的认识，您看我的理解是否正确？首先，施瓦布先生明确了自己想要的，然后将"有明确的目标"这个原则运用其中。他为实现这个目标制订了计划，并同时使用"多走1公里"和"有组织地付出努力"两个原则执行计划。

此外，他运用了"智囊团"的原则游刃有余地与您和其他同事打交道。他制定了如此高的目标，这表明他理解并运用了"创新致胜思维"原则，同时也表明他理解并落实了"践行信念"这个原则。而他能与您和其他同事愉快相处，这也体现出施瓦布先生理解并实现了"迷人的性格"原则。

他运用自身的才智，利用这些原则坚持不懈地追求自己的事业，直至目标达成，这展现了他自身对"自律"原则的理解和运用。正是通过这种方式，他将自己的所有欲望都规整于同一个明确的目标，那就是让他自己成为您商业组织里不可或缺的一部分。

而这些努力的背后，是他对妻子的爱和对财富的渴望。正是这两项动机，让他驾驭并利用所有的积极情绪，最终实现自己明确的目标。您觉得我现在说的是否准确？

卡内基

没错，他就是这么一步步走过来的！而且你会注意到，只要有任何一个原则没有落实到位，施瓦布获得成功的概率就会减少。他是通过精心策划，并严格遵循这些原则而最终获得成功的，其中自律是所有原则中头等重要的。如果他在任何其他方向上消耗了自己的情绪能量，那么结果会有所不同，实际上，这令我想起了另一个人的经历，一开始他和施瓦布在我的公司里起步相同。

这个人的能力与施瓦布无异，并且他还比施瓦布多一项优势，那就是他的受教育程度更高，从一所知名院校的工业化学专业毕业。他和施瓦布一样，都有效运用了上述提到的每一个原则。但是，有一点他俩不一样，那就是他们践行原则背后的动机。这个人获得财富的动机并不是向他的爱人表达爱，而是用来满足自己的虚荣心。他热衷权力，并非因为对自己的事业感到自豪，他是为了能够凌驾于他人之上。

尽管有这种弱点，但他依旧稳步晋升，并成了我们智囊团的正式成员。随即他便走不稳了，因傲慢和虚荣让他自己的希望落空，机会破灭。为了维持我们智囊团的和谐关系，我们不得不让他降低等级，他最终回到了原点。而这次降级也极大地挫伤了他的虚荣心，他从此一蹶不振。

希　尔

卡内基先生，这个人最大的弱点是什么？

卡内基

我能用一句话来回答：缺乏自律！如果他当时能够驾驭自己的情绪，那么他本可以用比施瓦布少得多的投入来换取事业上的成功，因为他明明受过更多教育，也拥有促成施瓦布最终成功的所有特质。

他无法控制和引导自己的积极情绪。当他发现自己跌倒的时候，就开始让那些消极情绪控制自己，尤其是嫉妒、恐惧和憎恨。他嫉妒那些成功的人——他因为别人超过自己而心生愤恨，而且他害怕每一个人，尤其是他自己。在这种情况下，没有人能足够顽强地取得胜利，因为这一系列情绪敌人一直在攻击着自己。

希　尔

从您所说的来看，个人权力是需要谨慎利用的，否则它将带来诅咒而非祝福。是这样的吗？

卡内基

是的，我一直把这一点视作自己经营理念的一部分，用来提醒我的同事要谨慎运用自己手中的权力，尤其是那些刚刚通过晋升而获得更多权力的同事。新增加的权力就和新获得的财富一样，我们需要密切关注，避免让人成为自身权力的受害者。而自律在这时就能很好地展现它的作用了。如若人们能很好地控制自己脑中所思，那么他们便能将其为己所用，而不与他人产生对抗。

希　尔

卡内基先生，您看我是否正确理解您的意思了。自律要求我们全面驾驭这 7 种消极情绪，并且控制 7 种积极情绪。换句话说，人们必须驯服这 7 种消极情绪，与此同时还要组织并引导 7 种积极情绪从而实现一个明确的重要目标。您看是这样的吗？

卡内基

是的，但自律对自身性格特质的掌控远比控制自身情绪更重要，它要求一个人对自己的财物精打细算，并严格管理时间，对抗拖延的天性。如果一个人决心在生命中实现更高的成就，那么除了必要的消遣，他们不能把时间耗费在不必要的事情上。

编者按

在这篇文章中，卡内基介绍了管理时间的重要性，尤其是我们也要确保自身感到足够紧迫——设立一个明确的截止时间以实现我们的目标。而当背后的动机能牵引我们的紧迫感，并驾驭好 14 种情绪，我们就不太容易被干扰或拖延，更容易实现我们的目标。

举个简单的例子，我们想一想在大学里，大多数学生在接到一个 6 周内（甚至更长时间）要完成的任务后，会拖到截止时间前才完成。但如果教授和他们说，有一个任务必须在 48 小时内完成，而且占到总分 60%，那时候，你觉得这些学生会拖到很晚吗？当然不会。

你要为自己的每个目标都设立一个清晰的截止时间，并且不断建立时间节点来追踪自己的进程。就连管理时间的强大工具番茄时间管理法也是依赖于在你的工作台上放一个明显的倒计时器以制造紧迫感。

没有这种紧迫感，我们很容易让一天的时间溜走并且一事无成。你真的觉得那些你最尊崇的企业家、运动员和商业领袖，那些决心打破世界纪录和让世界变得更好的人们有时间浪费自己的生命吗？

希　尔

您能说一说阻碍大多数人养成自律习惯的性格特征吗?

卡内基

我们现在可以设想一下，7 种消极情绪是我们养成自律习惯的主要敌人。那么我们要想取得成功，就必须先对这些情绪重视起来。自律源于建设性习惯的形成——尤其是我们的饮食、性和所谓利用闲余时间的习惯。大体上，当我们能控制这几个习惯，那么它们就会引领我们控制其余的习惯。

比如说，想一下明确的主要目标会如何改变我们的习惯。当我们开始践行"多走 1 公里"原则时，我们就向培养建设性习惯的万里长征之路多迈出了一步，而不仅局限于原来报酬所对应的努力，那么我们就不得不更好地利用自己的时间，提高效率了。

我们可以继续往下想，当我们动力满满，把"有组织地付出努力"原则和"拥有创新致胜思维"原则相结合，会产生什么效果？当我们能够完全把握住这几个原则，我们就已经在养成自律习惯的这条漫长的道路上走了很远了，而这个过程本身就是自律最好的体现。你理解了这几个原则是如何产生作用的了吗？

希 尔

是的，我理解了，同时我也意识到我们所做的一切都在围绕着一个主要的动机，而这个动机隐藏在我们明确目标的背后。这么看来，动机才是我们有所成就的起始，是这样的吗？

卡内基

是的，是这样的，但你还需要仔细想想，一个人必须要非常痴迷于他的动机。也就是说，这个动力必须十分强大，以至于人们愿意全神贯注、集中精力去实现自己的目标。但是人们往往无法区分动机和单纯的愿望。愿望并不会带来成功。如果真是那样，每个人就都能成功，因为每个人都拥有各种各样的愿望。人们想离开地球，登月探索，可是单纯的愿望和白日梦比不得一个有明确目标支撑的动机，人们必须全身心投入自己的动机之中，这种动机必须要足够强烈才能唤起人们的行动。

我们应该着重强调的是这些动机在背后推动着人们确定自己的主要目标，因此我们不能忽视这些动机。并且这些动机也应该和人的明确的主要目标一起明确地写下来。空有明确的主要目标，缺乏强烈的动机，与机车锅炉内没有蒸汽提供动力无异。动机为我们的计划提供动力、行动和坚持。

没有紧迫感，愿望将失去它的价值。

——吉米·罗恩

希　尔

这一点提醒了我，卡内基先生，请问您花了那么多时间教导我完成这份个人成功哲学任务背后的动机是什么呢？您拥有的物质财富远超所需，作为工业家您的成功享誉全球，您一生的成就是惊人的。在我看来，您已经拥有了您想要的一切。

卡内基

那你就错了。我并没有拥有我想要的一切。我确实拥有了远超自己需要的物质财富，正如我正在尽我所能以妥善的方式把自己的钱财都捐赠出去。但是我有一个最大的心愿，而且是强烈的动机，那就是为美国人民提供一种安全和可靠的哲学，他们能通过这种哲学获得财富，而这些财富又能让人们相互联系，最终在一种负责任的生命中享受心灵的安宁、幸福与愉悦。

我的这种强烈的欲望来自我与人们打交道的经历，在这个过程中我发现很多人都需要这种哲学。我发现很少有人在试图使自己获益的时候能够不损害他人的利益，我觉得这都成了一种规则，能做到兼顾的人少之又少。我常常看见人们很不明智地试图抓住一切，却空手而归，我清楚地知道他们最终只得伤悲与失意。

我帮助个人建立起一套可靠的个人成功哲学的动机，和那些促使人们在某个地方竖立巨大的石碑以让逝者安息的动机是一样的。铸造的这些石碑会随着时间的流逝化作尘土，但有一种纪念碑，只要文明存在一天，它便可以永远屹立不倒，那就是一个人通过为全人类带来福祉而在他人心中树起的纪念碑。

我希望通过与你合作以建立起这么一座丰碑，我是否也能提议，你在帮助我的同时，也帮助你自己建立起自己的丰碑？

希　尔

我理解您的意思，卡内基先生。请问建立他人心中的丰碑是您事业开启的动机吗？

卡内基

一开始不是。起初，我的动力是表现自己，并且希望获得雄厚的财富并不断扩大影响力。但是在践行我最初的动机的过程中，我很高兴自己想到了一个更伟大、更崇高的动机——成就他人，而非创造财富。我是在赚钱的过程中发现了这个动机，而这个动机也是源于我在此期间发现的成为更好的人的需求。如果文明要发展到更高的水平，或者维持它目前为止所取得的成就，那么我们就必须传授比现在所执行的更高的人际关系标准。

而且，最重要的是，所有人都必须认识到有比物质所代表的财富更高级别的财富。这个对更广阔视野的需求足以撼动大多数人，向他们提出挑战。我向人们传授健全的个人成功哲学的强烈的动机，正是对这个挑战的回应。

编者按

卡内基作为一名商人的名声，仅次于其作为慈善家的名声。正如拿破仑·希尔基金会执行官唐·格林在本书序言中所说，这位钢铁大王致力于帮助全人类释放自身潜能的决心依然在当前世界发挥着影响。有人误以为金钱为万恶之源，可实际上，当我们拥有更多可支配的金钱时，我们不仅拥有了更多安排自己生活的自由，更有能力支撑我们所钟情的事业，而且拥有创新的动力，追求更高的生活质量，提高全世界各地的人们的生活质量。

卡内基成功的动机远远不局限于他个人，他有一个更宏大的愿望，他决心要燃起全世界人们内心的那团火，并赠予他们一份最珍贵的礼物：自助的能力。在其逝世百年之后，我们仍然能看见当今世界的大人物们是如何以卡内基为榜样并发挥作用的，比如沃伦·巴菲特、比尔·盖茨。

卡内基不仅是一名慷慨的慈善家，还为世界留下了他的个人成功哲学。希尔将其个人成功哲学整理成书籍进行传播，本书就是其中之一。他希望教导人们首先学会自给自足。你手中可支配的资源越多，你越能够帮助到他人。这也带领我们走向本书的另一个最基本的主题：帮助他人最好的方法是先帮助你自己。

希 尔 ————————————————————————————

从您刚才说的话中，我推出大体上自律就是要培养建设性的习惯，是这个意思吗？

卡内基 ————————————————————————————

正是。一个人成为什么样的人，有什么成就，无论成败，都是他自身习惯行为带来的结果。幸运的是我们可以培养自己的习惯。每个人都能控制自己的习惯，而最重要的习惯是我们思想的习惯。最终人们会成为自己行为所塑造的那个人，而行为本质上就是人的思想习惯。掌控自己的思想习惯常伴自律养成之路。

思想习惯的养成始于明确的动机。一个人拥有了巨大的动机后，尤其全身心投入的时候，专注于实现这个目标就变得简单了。没有明确目标引导，就没有自律，也没有意义。我在印度见过非常自律的骗子，他们能在板上尖尖的钉子上一动不动地坐一天，但他们这种自律没有用，因为背后缺乏建设性动机。

希　尔

卡内基先生，您看我是否正确地理解您所说的，如果说自律是实现个人成功的主要原则之一，那么我们必须同时把握自己的思维与行为习惯。这是您想说的吗？

卡内基

对的。从字面意义上理解，自律就意味着：用戒律控制自己！这需要在情感和理性之间寻求平衡。也就是说，我们必须学会随着环境而改变，对自己的理性与情感做出反应与选择。有时候彻底压制情绪而让理性指挥头脑是必需的，在与行为有关的事情上，这种能力尤为重要。

希　尔

那如果一个人完全用理性引导自己的人生，在做决策和计划的时候完全抛弃自己的情感，这样会不会更保险？

卡内基

不，如果真做到没有情感的理性，那也是不明智的，因为情感提供动力，推动我们的行为，让我们把头脑中的决策化作实际行动。利用好情感的秘诀在于控制情感，用自律约束它，而非抹杀它。

此外，要泯灭人类强大的情感天性即便是可能的，也会异常艰难。情感犹如河流，我们既可以蓄洪，也可以引流，但绝不可能抽干。我们可以通过自律引导自己的情感，如河流蓄力涌流般，用以实现我们的计划和目标。

爱与性是两种最为强大的情感，与生俱来，这是大自然的馈赠，是造物主赐予人类的工具，它推动了人类和社会融合的永久发展，使文明从低级向更高级的人类关系形态发展。

即便有这种可能，人们也几乎不会希望破坏这珍贵的天赋，因为它代表了人类最伟大的力量。如果希望和信念毁灭，那么我们还将留下什么呢？如果热忱消逝、忠诚泯灭、对成功的渴望殆尽，那么我们头脑中的理性（脑力）又有何用武之地呢？我们的头脑将失去指挥的力量。

现在，我想提醒你一个惊人的事实：希望、信念、热忱、忠诚和欲望这些情感都是由我们天生的爱与性这两种情感所转移或转化而成的，只不过彼此目标不同罢了。实际上，人类的每一种情感，除了爱与性之外，都孕育于这两种基本情感。如果我们摧毁了爱与性的情感，那么人将与绝育的动物一般温顺，此时保留的理性又有什么作用呢？

希　尔

这么说来，自律是我们用来驯服和引导的工具，以便让爱和性这两种与生俱来的情感朝着我们设定的方向涌动吗？

卡内基

是的。现在我想请你注意另一个惊人的事实：当我们用自律把爱与性转化成某种特定的计划或目标的时候，我们就会收获创新致胜思维。没有一个伟大的人物在成就伟业时，没有掌握并引导这两种伟大的内在情感。

那些伟大的艺术家、音乐家、作家、演说家、律师、医生、建筑家、投资者、科学家、工业家、销售人员以及各行各业出色的领袖，他们都是通过把握与引导爱与性这两种情感来获得领导地位的。在多数情况下，他们强烈地渴求成功，而对两种情感的掌握是无意识的。而在某些情况下，这种掌握又是刻意的。

希 尔

那人们对天生拥有强大的爱与性的情感能力没有什么可感到羞耻的？

卡内基

没有什么可羞耻的，羞耻是对这些天赋能力的暴虐。这种暴虐源于无知，缺乏对这些伟大情感的本质与潜力的训练。

孜孜不倦的实践浇筑行为习惯。

——拉丁谚语

希 尔

卡内基先生，从您的教导中，我有一种感觉，自律最重要的是要掌握我们的爱与性，并将它们转变成我们所期望的任何形式的行动，是这样吗？

卡内基

你理解到位了。我还想补充，掌握了爱与性这两种情感，将其引至何处都不再是难事，因为无论有意识还是无意识，这些情感基本上都通过我们所做的一切事情反映出来。

控制不了爱与性，也就无法控制其他的情感。以查尔斯·狄更斯为例，他早年情路受挫，但他并未因此深陷其中不可自拔，而是将这种炙热的情感转化成强大的写作动力，最终著成小说《大卫·科波菲尔》，享誉文学世界。

亚伯拉罕·林肯起先不过是一名默默无闻的律师，事业道路暗淡无光。直到他最深爱的女人安·鲁特里奇去世后，他将心中的无限悲痛转化成为大众服务的动力，最终成为美国史上的不朽人物。令人遗憾的是，没有一位传记作家意识到林肯生命中这一悲剧的重要性，或者对其进行分析。这场悲剧是这位伟大政治家生命的重大转折点。

拿破仑·波拿巴的杰出的军事领导才能在很大程度上源于他对第一任妻子的情感。如果你仔细琢磨，这个被不幸包围的男人，用理智的头脑控制了自己的情感，把对妻子的复杂情感放置一旁，专注于头脑中的宏图大略。

希尔，你在研究和整理个人成功哲学的过程中，务必仔细观察这种现象，无论是哪一对坠入爱河的伴侣，只要他们的情感天衣无缝地转化成实现某个特定目标的动力，他们将会熬过各式各样的挫折，即便受到挫败也会马上恢复。

我们正是通过这种和谐的情感转化最终掌握住爱与性这最伟大的头脑力量。

谈及性，必须澄清的是，我提及的是那种人类与生俱来的创造力源泉，而绝非仅仅是肉体上的欢愉，那是对这一伟大情感的滥用，滑稽不堪，是最低层次的选择。

希　尔

所以说，性这种情感，理解不同，运用方式各异，既是我们最大的资产，也是我们最大的责任？

卡内基

是的。现在我想请你注意另外一个事实：性这种情感，如若缺乏爱的表达，即我们谈及的不正当性关系，会带来最危险的影响。而当性与爱相融合，那么两者将迸发出富有精神的创造力。

希　尔

那我是不是可以这么说，根据您所说的，性这种情感若没有与爱相结合，它将仅仅是一种生理上的冲动，若不加以控制，则将贻害无穷？

卡内基

你理解得很对！现在我想和你说说控制性这种情感的具体方法。最为稳妥的方式包含在情感转化这个原则中，通过转化，我们将性这个强大的能量置于明确的主要目的背后。这么做，我们就可以获得无价的资产，甚至无须改变爱。

性这股力量不会拒绝任何表现形式。犹如河流，可蓄、可引，但绝不可全然闭塞，否则终将酿成大祸；犹如库中之水，若不谨慎引导，阀门一开便会冲破一切，将其内在所有能量爆发出来，极具破坏性。

针对这份危险，唯有通过自律，努力将爱与性这两种情感维持在安全范围内，才能平安无事。

希 尔 ——————————————————————————

如果爱和性是我们培养自律时的主导情感，那么您能分析一下它们在日常生活中的影响吗？它如何在我们各行各业的人际关系中扮演重要角色呢？

卡内基 ——————————————————————————

任何一种真正切实的个人成功哲学都必须让人们克服生活中所有实际问题——我说的是所有问题！

编者按

一直让我心存佩服的是卡内基和希尔两位先生提出的理念，不仅内涵丰富，并且对几十年后今天人们面对的问题提出了解决方案。卡内基邀请希尔为各行业的人们设计出一份实际行动蓝图，有一点非常重要，这份蓝图要解决每个人面临的所有问题。但现如今人们在遇到问题的时候，越来越追求奢靡物质诱惑下的短暂救赎。

物质主义的慰藉终将带来转瞬即逝的幸福。人们常常发现过往的问题不断浮现，从未离去。卡内基在这里明确指出，任何有价值的个人成功哲学都必须让人们能够在每日无数的分岔路前找到自己的方向。

我最喜欢希尔的一句名言是："明确了人生目标，则能免于烦琐的每日做出数百项会影响最终成功的抉择过程。"首先，通过像《思考致富》这样的书，了解所有杰出人物的习惯。然后，明确你自己最想要的东西，准备一份详细的实现计划。当您掌握了这两个步骤，那么您生活中所有的问题都将有一个明确的答案。

卡内基 ————

正如我们所见那般，全部人类活动都基于某种动机。爱与性位于基本动机之首并非随机，而是天然所属，因为这两种情感比所有其他情感加起来能激发更多的行动力。

最伟大的文学、诗、艺术、戏剧和音乐都根植于爱。在莎士比亚的作品之中，你会发现其悲剧、喜剧均被抹上浓厚的爱与性的情感色彩。若去掉两者，其人物对白将索然无味，平凡剧本而已。因此你会发现这两种情感充满创造力，可以实现文学的最高目标。

任何领域中成绩斐然的演说家，都会将爱与性转化为热忱，再通过言语传达，辞藻华丽且引人注目。我也听过一些演说，尽管它们选择了绝佳的主题和语言，却毫无感情，因为演说者是通过头脑而非心灵传达思绪的。他们的演说味同嚼蜡，只因缺乏情感表达，或者对情感的作用一无所知。

历史必将善待于我，因为我是要书写历史的男人。

——温斯顿·丘吉尔

在日常的对话中，每个人所说的话都会透露其背后蕴含或缺乏的情感色彩，有识人经验的观察者正是通过这种角度察觉说话者的思想状态的。众人皆知话语常被当成思想的遮羞布，而非传声筒。因而识人者能越过表面的言语，察觉说话者是否带着真情实感在表达。

从这个角度而言，我们会发现在说话与写作之中理解并有意运用情感的力量是多么的重要。所有人吐露心声，无论表达什么，口中的一个词抑或笔下的一行字，都会有意无意地流露出背后是否蕴含真情实感。

希　尔

卡内基先生，看看我理解是否正确。我们口中的言语自带情感色彩，无论情感是积极的还是消极的。

卡内基

是的，但诸如恐惧、嫉妒和愤怒这种消极情绪可以加以控制，并转化为建设性动力。通过这种自控力，消极情绪会失去作恶的力量，而服从于有用的目标。有时正是因为恐惧和愤怒，我们才被激发采取行动，若没有这种情感，反而不会迈出一步。不过要注意这些负面情绪滋生的行为需要处于理性头脑的控制之下，方可用于实现建设性目标。

希　尔

那按照您的说法，在做出行动表达情感之前，一个人应该先将其消极和积极情绪均置于理性或者说头脑的控制之下吗？

卡内基

是的，这也是保有理性的主要目的之一。无论在何种情况下，人们都不应该在没有理性控制各式冲动的想法之前，就任由情绪宣泄并做出行动。这也是自律的主要功能，因为它包含了在理性与情感之间取得平衡。

希　尔

这一点我之前倒没怎么想过。我从来没有想过头脑与心灵需要一个共同的掌控力量，但从您所说的，我能意识到，两者有可能需要意志力作为掌控力量。

卡内基

是的，意志让自我成为理性与情感的最高法院，但也不可忽视一个事实，通过自律的方式，这名法官只为那些获得自我修炼过的人服务。缺乏自律的人将随波逐流，任由理性与情感冲突，直至一方取胜，而非两者平衡。

希　尔

从您所说的来看，人类头脑里有一个完整的统治力量?

卡内基

这不失为一种阐明角度。这个统治力量由头脑的不同区域组成，当它们通过自律各司其职，这个人就能顺当地走好自己的人生道路，而不至于让各区域产生纷争。

这些区域包括：

• 想象力，人们迸发想法、计划和达成欲望的能力。

- 理性，人们衡量、计算并适当评估想象力产物的能力。
- 良心，人们检验自身思想、计划和目的的道德正当性的能力。
- 情感，人们明确思想、计划和行动目标的动力来源。
- 记忆，用于储存记录，避免经验丢失。
- 自我（终极意志力），高于其他头脑区域，作为头脑的"最高法院"，有权推翻、调整、变更或取消所有其他头脑区域的表达。

毋庸置疑，莎士比亚在写下以下极为重要的告诫时，心中怀有这一整套错综复杂的自治体系：

愿你忠于自己，不舍昼夜。[①]

——莎士比亚

这位伟大的戏剧家一定早已认识到，人本身就有一个自治系统，其中6个头脑区域相互有机运作，当其各得其所，一个人将忠诚于自我及其他人。

从这些观察中，能清晰地发现自律要求一个人协调头脑的6个区域，在自治系统中寻得自治。

① 此话出自莎士比亚的作品《哈姆雷特》。——译者注

希 尔

那么卡内基先生，请问在自治系统中，我们最应该重视哪个头脑区域呢？

卡内基

毫无疑问，情感部分，因为这是我们的行动基础。若往人群看去，便不难发现，没有头脑理智协调的情感所唤起的行为，往往招致悲剧。是的，没有理智的情感是我们最大的敌人！

希 尔

卡内基先生，您会改变刚刚的说法吗？

卡内基

坚决不变。与之相反，我希望强调刚刚的说法。请注意一个事实，若一个人将自己的情感欲望置于理智头脑的审视之下，他将不得不以这样或那样的方式调整情绪。我们最强烈的情感往往受到最严密的理智审查，而那些自律的人们都知道这是真的。如果头脑能说话，我们就会意识到，我们每一天都在经历着"感觉"想做某事，但头脑不允许。

编者按

让我们来回顾一下卡内基的话中与情感相关的力量。希尔询问卡内基是否会改变自己"没有理智的情感是我们最大的敌人"这一说法，卡内基不仅拒绝改变，甚至进一步强调这一观点。显然，卡内基阅人无数，那些无法控制自己情绪的人们会在事业与个人生活中受挫。

让我们来想想现代社会的例子。许多人在冲动之下发送了表达激动情绪的电子邮件，或者在社交媒体上宣泄情绪后受到谴责，甚至丢掉工作，却没有花点时间考虑这么做的后果。即使是稍微调整，也会带来改变，比如快速到外面走一走，呼吸一下新鲜空气，或者向敬重的同事寻求忠告，这些都能阻止冲动的行为。人们一旦冲动行事，自己的个人声誉将受到不可挽回的损失，也会让他人感到不可理喻。如果自律行为运用得当，那该有多少人不再在事业上蒙受损失呀！

如果一个人思绪乱糟糟的，行动也是糟糕的，很快会招致他人的不信任，也必定严重阻碍这个人的进步。毕竟，我们有权选择任何自己喜欢的事情，但我们必须承担这些选择的**后果**。

在理性与情感之间取得平衡并不代表你不想做什么事，而是你做出正确的选择，因为它与引领你抵达向往之地相关。

希　尔

那么，和谐当源自一个人的思想状态，不是吗？

卡内基

智囊团原则必须在团队个体之间处于和谐状态下方可运行。也只有头脑的 6 个区域都能和谐配合，我们才能成为一个和谐的整体，成为自己的智囊团。

希　尔

从您的解释中，我的理解是一个人思想和谐是实现个人成功的先决条件。

卡内基

你理解对了。而且记住，内在的和谐只能通过自律实现。一旦你吃透了这条真理，你就会意识到我如此强调控制自我重要性的目的了。

希　尔

您是否遗漏了意志力的重要性？

卡内基

不，没有遗漏。意志力从属于人类的自我，这也是意志力能够掌握头脑其余区域的力量来源。当你说意志力的时候，你讲的是自我的一种特权，它确实和头脑保持着联系，或者与蕴藏在头脑其他五大区域之中的某种更为强大的力量联系着。

自我是最终的"审判官"，其决定板上钉钉，我们无须证明这些决定约束着所有其余头脑区域。自我范围之外隐藏着什么力量，或者这种隐藏力量的确切本质是什么，这些依然是未解之谜，我觉得这超过了个人成功哲学的范围和研究目的。

我们只知道这种隐藏力量确实存在，也只有将本哲学所阐述的原则加以理解和应用，才可以运用这种力量。这还不够吗？我们在开始探究其来源和本质之前，让我们先明智地利用已知方法来处理这种隐藏力量，因为单纯地探寻有可能引发迷惑，也定会引发个别争论。

希　尔

总而言之，您的建议是我们应该在思考自己头脑从何处获得其能量之前，先更多地了解自己头脑 6 个区域的本质和作用？

卡内基

那正是我的建议！在我们学会运用本哲学能提供的能力并获得更大的优势之前，我不考虑除此之外更多的计划。

为你的生活创造最伟大、最宏伟的愿景，因为你会成为你所信仰的人。

——奥普拉·温弗瑞

希　尔

卡内基先生，我认为您的指责是在理的，我也同意您说的我们应该先更好地利用自然赋予我们的"才能"，然后再要求其他更多或更大的能力。

卡内基 ————————————————————————

　　你还可以补充说，通过自律这个媒介，我们能更好利用自身能力。每个活着的人需要一点，或许是最重要的一点，那就是超越自己的自律。

　　我们首先要自律，它比其他 6 个头脑区域更强大，但这远远不够。我们还需要在食欲、性、语言、个人打扮和阅读上保持自律，尤其在时间利用方面应该最为自律。如果人们更明智些，不把时间消耗在闲聊上，而是充分做好时间预算，那么他们将收获自己所需要的所有生活财富。

　　我们与他人的关系同样需要自律。因此，你看，对自律的追求是无止境的，而每个人都能获得自律，而且没有人需要征询他人的意见就能利用自律。

希　尔 ————————————————————————

　　卡内基先生，为什么这种主导性力量常常被忽视了呢？

卡内基 ————————————————————————

　　几千年来，哲学家们都在询问同样的问题。每一位伟大的哲学家都提出了"认识你自己"的训诫，因为对他们来说，显而易见的是，我们所需要的只是了解包裹在我们头脑中的本质力量。理解并运用这种力量，我们就能获得自己所需和渴望的一切。我们所需要做的是掌控自己的思想，置之于自律之下。瞧，它是阿拉丁神灯，探明我们要实现的一切愿望。（中国古话"知人者智，知己者明"也是说认清自己很重要。）

　　但要更直接回答你的问题，我想说这种特权被忽视了，因为没有人给世界留下一种实际的哲学，而这种哲学能融入生活全方位的基本要素。我正是意识到了有这种需求，才委托你开始整理这种个人成功哲学。

以往的哲学家，从亚里士多德、柏拉图再到现代哲学家，他们都过度关注那些抽象的生命法则，而甚少关注更切实具体的、能帮助我们实现成功人生的人际关系规则。

当然要提供这种哲学并不是任何人的责任，很明显也没人愿意这么做。我想大概是因为这要求大量的研究、调查和研习，而且还无利可图吧。我只能向你保证，作为吸引你组织个人成功哲学的优势条件，尽管你做的是一份长达 20 年无利可图的劳作，但我有信心当你完成了这项工作之后，自豪感会激发你，并且你随后也将获得物质上的补偿。

至于为什么没有其他人整理出这种哲学，我也不知道。或许你的猜测和我也一样都是对的！我没法直接回答，只能请你注意一个事实，当人类文明需要志愿者站出来拓宽这个族群的视野时，这些人总会以某种方式出现。因此，人类从文明诞生之日便崛起了，并且从未停歇，背后隐藏着什么伟大的计划或目标，对于那些让世界变得更美好的人来说，不一定要去理解。我们对自己所获感到心满意足，这就是那些付出的人们所能获得的最大回报。

编者按

读到这里我们才真正理解为什么个人成功哲学在今日如此

重要。因为这些原则不仅在 1937 年希尔写的《思考致富》一书中所采访的人物身上奏效了，同样在其 8 年后推出的《思考致富：我们能从中学到什么》一书中的人物身上奏效了，在拿破仑·希尔基金会列出的成千上万位人物身上都奏效了。

成功并不分人，没有人天生胸前就挂着一枚金牌。成功属于那些把该做的事都做了的人。亲爱的读者，请放心，这些原则对你同样奏效。

希　尔 ———————————————————————

　　卡内基先生，是不是那些大有成就的人都高度自律？

卡内基 ———————————————————————

　　是的，而且事实上他们所培养的自律习惯已经补偿了他们的付出，因为自律是最高的奖赏。如果我们学会控制自己，就几乎可以控制任何其他我们想得到的。

希　尔 ———————————————————————

　　卡内基先生，那是不是通过高度自律而获得力量的人并不会损害他人？

卡内基 ———————————————————————

　　是的，当一个人真正自律，他是不会希望损害他人利益的。历史证明违背这一原则的人反而会失去力量。

　　你研究乔治·华盛顿、托马斯·杰斐逊以及同时代类似的人物，就会发现自律是最高原则的证据。这些伟人与众不同，是因为他们向往全人类的解放。

希　尔

卡内基先生，我观察到大多数人会任由生命不可避免的失意与挫败打击，尤其当他们失去财富和朋友的时候。对于这些人来说，自律如何帮到他们呢？

卡内基

对于这种问题，只能通过自律解决。我们首先得承认问题分为两类：我们可以解决的和不可以解决的。对于那些能解决的问题，应采取最可行的方法解决；对于那些我们无能为力的问题，应将其抛诸脑后。

自律意味着我们要控制头脑的全部情感，能在自身和过往不愉快经历之间拉上门闸。使大门紧闭，不再开启。此外，我们还应将那些无法解决的问题拒之门外。缺乏自律的人会让自己陷入过往不愉快的经历中，并试图解决那些解决不了的问题，而不是大门一关，继续向前。

这种闭门之计是必需的，也是重要的。它要求自我，并且自我必须控制头脑的其他区域。

希　尔

所以要控制我们的头脑，第一步是要把自己与不愉快的回忆和无法解决的问题隔离？

卡内基

是这样的。我们无法轻易将头脑之门关上，忘却过去的经历，除非我们控制了自己的头脑，才能确保大门紧闭。同样也要记住，只有我们养成了这种与过往挥别的习惯，才能打开近在眼前的机会之门。

关上与过往错误、失败以及种种气馁想法纠缠的大门，便可推开你眼前提升自我、收获幸福和积累物质的大门。成功的人都是坚定的！他们必须坚定，不仅锁上了过往的大门，还把钥匙扔掉。

编者按

这种观点难道不震撼人心吗！正如成功只垂青有成功欲望的人一样，机会只会降临在那些走出不堪往事、专注于繁荣的未来的人身上。这对于那些经历了严重医学创伤或身体残疾的人来说极其重要。这让我想起了三位朋友，他们很好地证明了这点：

- 珍妮·雪普是一名越野滑雪选手，曾获得加拿大冬季奥运会参赛资格。就在比赛前几个月，珍妮·雪普在澳大利亚的蓝山山脉汽车训练中被一辆疾驶卡车撞倒，随即被空运送往医院，她的父母被告知自己的女儿可能活不下去了。整整昏迷了 10 天，"钢铁珍妮"苏醒了，但不得不在脊椎受损治疗室里待了 6 个月，其间经历了无数手术。更令人心碎的是，她不仅因为身体原因运动员生涯就此打住，而且身体上的伤害无法修复。

如今，这位女性绝处逢生，是多本畅销书的作家。尽管身患行走性截瘫，但她依旧在全球分享自己的励志故事，与包括亚马逊、谷歌和思科在内的公司以及非营利组织和学校合作，提醒人们我们不仅有肉身，更具有一颗勇于挑战的心。我永远忘不了她与我分享的一个观点，这也刚好完美地阐释了她的人生态度："别人说我不行的时候，我就不听他们的。"

- 杰西卡·考克斯患有罕见的先天缺陷，出生便没有手臂。但她并未因此受困，而是发挥才智找到了出路——她用双脚代替双手。一个接一个的挑战，她都攻克下来了，开车、熟练准确地在键盘上打字、潜水和更换隐形眼镜，14 岁那年她还达到了跆拳道黑带段位。

  杰西卡·考克斯还获得了许多值得称赞的成就，比如她学会了飞行，是吉尼斯世界纪录中第一位无臂飞行员。如今，她为许多个人、公司和组织教导如何拥抱冒险、挑战自我。

- 吉姆·斯托瓦尔 17 岁那年参加高中足球队的常规体检，但没有通过。3 名医生让他坐下，并解释说他很快将彻底失明，他们对此无能为力。果然，吉姆·斯托瓦尔正如医生预料的那样，渐渐陷入黑色的世界里，但他意识到既然自己必须承受这种痛苦，那么他也必须找到痛苦背后的欢乐。

几年后，吉姆·斯托瓦尔意识到，世界上有千百万失明人士无法观看电视节目，便开始着手改善这种情况。如今，叙事电视网（The Narrative Television Network）在多个国家播出，为那些之前遭受排斥的人士提供了巨大的价值。吉姆·斯托瓦尔本人也推出了30本畅销书，而在失明之前他从未写过书。

　　珍妮·雪普、杰西卡·考克斯和吉姆·斯托瓦尔，以及世上无数人的经历都在提醒着我们，必须满怀勇气面对未来，无论经历多少风雨，都要坚信未来充满希望。

　　纠缠于不欢而散的商业伙伴，让您感觉颜面扫地的前任，或者那些未曾预料的境遇，都会阻碍你在当前获得幸福。将精力投入到建设性行动中，在不幸中发掘幸运。让自己找到目标并行动起来便是最好的补救。

希　尔

　　我特别喜欢那句"大门紧闭"。但这种封闭的做法不会让人难以接近、冷酷无情吗？

卡内基

　　它或许会让人变得坚定，但我不认为它会让人变得冷漠。坚定是获得自律的必要品质。请记住，自律不只是我们对自己温和地提出警告，说："好吧，自律些！"自律更是你在头脑非常清醒的状态下，潜入心灵深处，四处寻觅那枯朽之木并毫不畏惧地将其抛弃。

自律不允许悲伤经历的潜伏，也绝不浪费时间担心无法解决的问题。它对恐惧关上大门，而对希望和信念打开大门；它对嫉妒大门紧闭，而对爱大门敞开；它对憎恨、报复、贪婪、愤怒和迷信大门紧闭，并守在门后确保任何人都不会因为任何原因而打开它。

关上大门这件事，绝无妥协余地。我们要么把意志力放到门后，严防死守，以免我们希望放下的经历再次潜入，要么无法获得自律。这就是自律的作用之一。

对于大多数人来说，他们认定自己有多幸福，就有多幸福。

——亚伯拉罕·林肯

希　尔

但对那些情场中的人们来说呢？既然您说关闭大门如此重要，他们又该怎么做呢？

卡内基

爱情失意与其他事情上的失意是一样的，这些伤口都更能轻易地被新欢所愈合。所以，解药是紧紧地对过去关上大门，而寻找新的兴趣点。

希　尔 ————————————

　　但这个解药，说起来容易，做起来难呀！

卡内基 ————————————

　　放下过去都不容易。如果都那么简单的话，也没必要对其大门紧闭了。大多数人难就难在他们要么虚掩着门，或者半开着门，对生活中理应紧闭大门的事不断妥协。人们无法承受痛苦的回忆，不仅破坏创新致胜思维，还挫伤主观能动性，削弱想象力，思绪不宁，头脑各区域都困惑不已。无论是哪种情况，自律都不允许出现这些干扰。

希　尔 ————————————

　　根据您所说的，自律能让我们控制一切阻碍我们发展或让我们心绪不宁的事情？

卡内基 ————————————

　　是的，自律有这种能力，它不允许思想混沌的东西存在。它就像是海上的扫雷舰一样，清除所有带来危害的障碍，开辟通向未来的广阔道路。它让我们向前看而非回首往事。它不能忍受沮丧或顾虑，要么把这些障碍清除，要么就把大门紧闭，不放它们进来。

　　另外，自律对待消极情绪的坚决态度同样适用于 7 种积极情绪，大门对它们永远敞开，而且如果它们不进门，自律会主动地把它们带进来，并要求它们开始工作。

希　尔 ————————————

　　换言之，自律哺育着积极情绪，但又对消极情绪关闭大门。是这个意思吗？

卡内基

是的，但自律不仅可以激发积极情绪，还会让它们在自治的位置影响理性判断，从而控制它们。拿热忱这种积极情绪为例，没有人能够在毫无热忱的情况下获得真正的成功，但狂热的激情有可能且常常让人们陷入困境。因此，我们必须将热忱控制住，将其往明确的方向引导。

同样地，对于其他几种积极情绪，尤其是爱与性来说也是如此。这两种情绪是所有积极情绪中最为强烈的两种，需要我们小心加以看管。两种情绪失控，其中一个可能会遭到永久的损伤。希望、信念和忠诚是少有的几种人们不太用什么理由去控制的积极情绪。但就算如此，我们也应该不时地对其理性调控，否则它们也会被用错和滥用。

希　尔

我开始在想自律是只有意志坚定的人才能享有的资产。

卡内基

是的！为什么不是呢？一个意志不坚定的人又有什么可期待的呢？自律的目的是让我们的头脑更强大。除了这点，你还能想到个人成功哲学的其他作用吗？这就是它最主要的作用。它是为了帮助人们掌控自己的思想，并为自己的目标服务。

一个人在没有发展出自律的品格前，无法很好地组织自己的思绪，使其井井有条，避免混乱。

希 尔 ────────────────────────────────

卡内基先生，您觉得大部分人愿意为获得自律而做出牺牲吗？

卡内基 ────────────────────────────────

当然不会！但那些成功的人愿意为之付出努力。他们会在自己深耕的领域拔尖，并因自己的耕耘而有所收获。记得，世界上永远没有一无所获的事情。所有事情背后都贴着价格标签，那些想要获得的人必须为此支付，否则将一无所获。人们有可能收获了其他的东西，但一定不会一无所有。

希 尔 ────────────────────────────────

我想这就是均衡吧，正如您说的，那些不愿意为获得自律而付出的人们是享受不到个人成功哲学的益处的，是吗？

卡内基 ────────────────────────────────

你说得很对。从我刚刚提出的不可能一无所获的观点来看，你很难想象人们能在没有努力获得收益的情况下，还能享受个人成功哲学带来的好处。

你必须牢记，当我们掌握了这种哲学并运用得当，我们将能收获自身最高的希望和目标。这种承诺，没有任何其他方法或者途径能够确保。因此，在我看来，为了确保希望和目标可以实现，任何人付出多少努力都不为过。

但你把付出的代价和最终收获的相比，所做的牺牲又是很小的。此外，这些代价对于拥有一般智力、健全的身体和头脑的人来说，是在承受范围之内的。它要求人们坚持不懈、意志坚定，并恰当地运用这一哲学。当然，这没有什么可怕的。我想说，要做这些所要付出的最大代价就是发展自律，而这几乎完全就是意志力的问题，外加一个合适的动机和足够强大的动力，让人连续不断地付出努力。

这全是个人的抉择。

希　尔

听到您这么说，我感到很高兴，而且我向您保证，我和您的想法完全一致。我向您提出问题并不代表我质疑您的观点，只是确保您是在自行提出自己的观点，因为我即将要代替您去宣扬您的观点了，也即将解答那些运用个人成功哲学而前来寻求自决的人提出的问题。世上有太多"怀疑主义者"，我必须做好准备，让他们相信个人成功的规则可以了明了，而且适用于所有践行它们的人。

卡内基

我很欣赏你的这种做法，因为你说得没错，个人成功哲学的原则适用于那些实践它们的人。没有任何一种哲学会自行生效，它不像是裹着糖衣的药丸，你吃下后药丸就能自己发挥药效。但只要你明智地践行这些原则，这套哲学肯定能对你发挥效用。

它怎么会不发挥效用呢？它不仅是一连串抽象的规则，当人们完整地践行这些原则的时候，它就会显示其效用，有超过 500 位成功人士也是基于这套原则取得成功的。如果一套原则行得通，它会不断地得到验证，不仅会帮助一个人，同样能帮助所有践行它的人。

希　尔

现在我想问您一个困扰我很久的问题。为什么大多数既有影响力又富有的人在努力多年后才会取得成功?

卡内基

有两点重要原因。首先，因为过去没有一套明确的个人成功哲学，人们被迫通过反复试验和犯错来学习，这花费了大量时间。其次，人们随着年龄增长，会不断成熟，有时他们会获得智慧，彼时，你几乎可以确定他们已经严格遵循自律原则了。

希　尔

卡内基先生，自律的最大作用是什么?

卡内基

毫无疑问，我认为它最大的潜在作用为促进人的意志力！我们假定自我是意志力所在，是头脑的最高法院，有抛开所有其他头脑区域的能力。如果我们通过严格自律保护和培育这种力量之源，那么它的潜力无论是范围还是力量都将是惊人的。

我们的意志力在接受失败的判决之前，我们绝不会真正被击败！

我认识一些人，他们人过中年，失去曾拥有的一切财产，但他们却东山再起，挽回损失。他们没有失去的是自律，他们通过这股力量获得了不可摧毁的意志力。

希　尔 ————————————————

那么您是否同意"我们唯一的局限，是在自己头脑中设定的局限"所表达的观点？

卡内基 ————————————————

是的，我同意！而且我还想与你说说其他有关思想力量的事。如果一个人不通过自律控制自己的头脑并将其引至明确的目的地，它将囿于一处。头脑的力量是无限的，而且其无限的程度取决于我们。

我们的头脑在许多方面就像一个肥沃的花园，如果细心耕耘，就能收获我们期望的农作物，但如果我们不加以照料，它自会杂草丛生！明白了头脑的这一特征，你就会明白为什么有必要通过自律来控制它。

最有保障的安全感来自内心。

——安德鲁·卡内基

希　尔 ————————————————

若要总结自律更为重要的潜力，请您简单描述一下我们最应先对自律的哪一方面特征引起注意？

卡内基

　　好吧，从绝对意义上来讲，我认为，当我们用自律控制了自己的头脑，那么控制任何其他事物的能力都是水到渠成的。当然，初学者应该从针对自己头脑的 6 个区域养成严格的自律习惯开始，这需要耐心、持之以恒的毅力和明确的动力，以此激发这些头脑特性持续运作。

　　这个过程并不复杂。它首先应当从一个明确的主要目标出发，并以实现该目标的充分动机作为后盾。一旦开始，就必然对自律提出要求。

编者按

　　卡内基在这里提到了人们无法实现自己目标的一个根本原因。研究表明，到二月的第二周，设定了新年目标的人中有 80% 的人已经放弃了他们的目标。这意味着在新年设定了目标的人群中，仅有 1/5 的少数人仍在努力实现自己设定的目标。

　　无疑是受到卡内基对个人动机重视的启发，希尔在别处写道"飘忽不定是失败的主要原因"。这告诉我们，最有可能实现的目标源于明确的主要目标，并通过强烈的动机不断推动目标实现，人们方可满怀情感地去努力。正如我们此前所知，情感对于持续地付出努力、实现目标来说至关重要。

　　谨记，做事动机越强烈，行动越富有激情。

卡内基 ——————————————————————————————————————

此外，我建议通过自我暗示让自己保持警觉，并意识到我们需要自律，形成一种可以每天重复的心理公式：

（1）我意识到自己的头脑包含着 6 个区域，即想象力、良心、理性、情感、记忆和自我（终极意志力），并且意志力位于自我之中，为头脑的最高法院。

（2）我会培养自己的想象力，并持之以恒地运用它。

（3）我会保有良心，并且在有疑问的时候求助于它，永远不会压制它。

（4）我会在采取行动之前严密地分析，用理性制订计划、确认目标和形成观念，以培养我的理性能力。

（5）我会鼓励 7 种积极情绪，但偶尔也会在表达之前用我的理性加以调控。

（6）因为我意识到 7 种消极情绪的危害，我会努力控制它们，除了将其转化为建设性行动之外，不会用其他任何形式表达出来。

（7）我将尊重自己头脑的最高法院——意志力，将自己置于意志力之下，并允许它控制我头脑的其他区域，不管这要求我付出多少努力。

（8）我会保持敏锐和警觉，小心谨慎地保持清醒的记忆，以致我能及时地唤起记忆。

（9）作为发展我头脑 6 个区域的手段，我将明确自己做事的主要目标，并每天为其付出努力，不管努力是多是少。

（10）我意识到自己的头脑没有局限性，除非我在里面建立了规则或者我允许他人在里面建立，因此我会对所有的消极影响大门紧闭，不让它们潜入我的头脑，也会对过往所有不愉快的经历关上大门，无论我需要付出多少努力。

（11）我认识到了习惯的力量，我会通过养成与明确了的目标相符合的习惯以全面发展自律，我也意识到自己的潜意识将操控这些习惯，并不假思索地一一执行。

（12）为了忠实地履行这份承诺，我将敞开自己的头脑，接受无限智慧的引导，意识到自己的计划可能需要时不时地调整。

（13）我将紧紧信守这份承诺！

在信念支撑下遵守这份承诺，人不可能得不到心满意足的结果！兑现承诺的图景迟早会变成潜意识的一部分，人们将自觉地采取自己所承诺的行动。

这份承诺应满怀谦卑之心私下履行，而无须大肆宣扬，否则有可能招致他人的干扰。

这份承诺要求人们做许多能改变自己精神状态的事情，包括：

- 让自己有意识地自律起来。
- 主动消灭各种形式的消极。

- 发展个人的日常生活中培养自我独立的能力，并明确自己的目标。
- 让自己摆脱拖延症。
- 让自己的性格变得令人愉悦，并且让几乎每天接触的同事能立马感受得到。
- 用数不胜数的方式吸引自我提升的机会。
- 让自己对此前不抗而屈的弱点永远保持警惕。

简而言之，这份承诺会构成自律的最高形式，并带来最丰硕的益处——对自己的行为和思想自我反省的自律！

编者按

自我暗示准备起来很简单，但维持却很难，除非你全力以赴。我们已经知道，要想在这个过程中成功，你必须将现在用于抱怨现状的能量转化成建设性力量，打造你最渴望实现的事情。自我暗示是检测你决心的绝佳方式。

广受好评的作家、演讲者及牧师埃里克·托马斯被人称为"嘻哈牧师"，他在一次鼓舞人心的主题演讲中（网上可搜到）向观众提了一个简单的问题："**你有多想要它？**（How bad do you want it?）"他分享了一个故事，用来说明创造完美时刻比空想等待更重要。故事里埃里克·托马斯说道："当你想成功的欲望和想呼吸一样强烈的时候，你就会成功。"

如今，我们看到越来越多的人会通过克服小小的障碍——

不管多么微小，来开启新的一天，让自己获得成就感。无论你一起来，是先重复地洗个冷水澡、冥想、写日记还是铺床，你对待一天里的第一项任务的态度就决定了你当天的工作效率。

如果你还没有准备好成功，那么就得给那些准备好了的人让路。

希　尔

卡内基先生，您是否忽略了头脑里最重要的部分——潜意识？

卡内基

不，我没有忽略潜意识，但它并不在个人的控制范围之内。我之前只提及能够受自律控制的头脑的几个区域，但潜意识是连接我们意识与无限智慧的东西，没有人能够驯服或者控制它。潜意识有自己的运行方式，它最主要的功能是占有意识层面中的主导思想，并对其采取行动。

但你应该知道，自律可以使人清晰明确地以任何期望的目的打动自己的意识，从而为潜意识接管并采取行动的目的铺平道路。

希　尔

那么如果可能的话，什么会加速潜意识行动呢？

卡内基

计划和目标的强度！当一个人想要达成某个目标的愿望十分强烈，激励着他去实现时，通常他的潜意识会让他立马去执行这个愿望。通常来说人们会制订计划，而且这种意愿会通过意识层面传达，我们通常叫它"预感"。

也就是说，计划在没有想象力和理性的帮助下直接浮现于脑海，并在浮现伊始伴随着热情，也正因如此我们能轻易地识别出潜意识在运转。

希　尔

从您所说的我得出的结论是，您所说的思想公式的主要目的是训练我们的头脑，让它能够接受自己的目标、计划和目的，并执行它们。是这样吗？

卡内基

是的。这个思想公式有助于清除无用的障碍和负面影响，并鼓励正面影响。

希　尔

卡内基先生，情绪的强度通常会加速潜意识的行动吗？

卡内基

不，潜意识会在状态好的时候采取行动，但有时也会受到冲动的欲望影响而立马行动。比如，在紧急情况下，两辆车几近相撞，潜意识就知道司机不应该，或者说无法通过与意识协商来让司机安全度过危险。我知道好几个这种情况。

众所周知，一个人在面临着巨大危险的时候，比如房子着火，通常会体现出一种超人能力，释放出全部身体力量和思想（策略）让自己脱离火情。在这种情况下，潜意识接管了思想，并下达命令，甚至可以完全控制我们的身体和头脑。

潜意识的特征之一是不接受头脑发出的命令。因此，你能理解为什么我们发展和控制自己的积极情绪是如此重要：因为潜意识接受消极情绪指令的速度和接受积极情绪指令的速度一样快。在潜意识里，情绪没有积极和消极之分。

希 尔

这就是为什么身心贫困的人常常也是贫穷的受害者，是吗？

卡内基

是的，你想的是对的。潜意识只会在人的情绪主动影响下行动。也就是说，它会听从于最强大的——大部分时间里占据头脑的情绪。

希 尔

那么我们是否可以说，如果我们让自己的头脑一直想着贫穷，想着想着，我们就陷入贫穷了？

卡内基

现实的确如此。而且你应该再加上一点，头脑若不通过强大的自律系统支撑，就无法组织起来，朝明确的目标走去，而且很容易受到周围环境的影响。

物随心转，境由心造，烦恼皆由心生。

——佛陀

希　尔

但是，如果头脑始终明确要获得财富，那么它自然会想出很多方式和手段，是这样的吗？

卡内基

是的，但是具有目标明确的思想，比仅仅吸引目标的倾向具有更多的意义。念念不忘，必有回响。只要告诉我一个人每天接收的思想养料，我就能准确地告诉你主导他头脑和他在生活中可能收获的东西。

希　尔

根据这个原则，您现在是否由此产生其他联想，并且着重强调，作为这次讨论的最精彩部分？

卡内基

有！而且它非常重要，可以作为整个哲学最高潮的部分。我一直在等你提出这个问题，只不过你之前没问。请谅解我并不是在批评你忽视了这个问题，而是要想到我脑海中一直思索的问题，自然需要这个人的人性非常成熟和经验丰富。

现在，我会告诉你我脑海中想的。我已经对头脑的 6 个区域绘制了清晰的示意图，并清晰解释每个区域起到的功用。然而，有一个区域会大比例超过任何其他区域，所以值得强调，它就是自我，即意志力所在。

头脑的 6 个区域

要说明白如何保持自律，请按照相对重要程度进行排序。

潜意识：

连接头脑和无限智慧。

（1）自我：意志力所在。头脑中所有其他区域的最高法院。其力量源于潜意识。

（2）情感：头脑行动力的力量之源。

（3）理性：判读和意见的来源。

（4）想象力：想法和计划的来源。

（5）良心：头脑的道德指向。

（6）记忆：对头脑进行记录。

相比之下，我可以说意志力之于头脑的其他区域，正如美国最高法院之于另外两个政府部门，但这种比较几乎难以充分说明意志力在人类事务中所扮演的角色。

物理学上有一个刁钻古怪的问题，问的是"当一个不可移动的物体与一股不可抗拒的力量接触时会发生什么？"物理老师在向初学者展示的时候，初学者会觉得很有意思。

物理领域的专家当然都知道，现实中并不存在不可移动的物体或者无法抗拒的力量，那只存在于物理定律的领域。在形而上学中，存在一种不可抗拒的力量，即意志力。

由于意志力不可抗拒，所以人们可以肯定地说一个人头脑中的唯一限制就是意志力的限制。

意志力的力量如此磅礴，人们发现无数次它都能从死亡之手中逃离。它实现了人类伟大的成就，用一个更好的解释，它被称为"奇迹"。

当情感以不屈不挠的意志作为后盾的时候，潜意识就会将人类此前未知的信息传递出来。爱迪生正是通过这种力量完善了他一些最杰出的发明。

我们可以运用意志力这个工具对任何我们不想再接触的经验或境遇关上大门，同样地，我们也能运用意志力对未来想要前进的任何方向敞开机遇大门。如果第一扇门难以开启，我们会不断尝试、再尝试，直到最终找到那扇能撬动不可抗拒的意志力大门。因此，人类头脑的最高法院或许也能成为一种军事力量，用以执行法院的命令。

要成为自己真正的主人，你必须掌握所有必要的能力，用自己的方式调整自己的生活。如果你任由自己的思想逃离监管，你将遗失这份哲学中最精华的一部分。但你不会遗失精髓，我向你保证你不会，因为与任何其他东西相比，你更需要意志力来对这套个人成功哲学进行长期研究。

你自身的意志力将会向那些必要的事物敞开大门，否则它会关起大门，对你不利。对任何依赖意志力的人来说，它都会这么做。

在我看来，我一直觉得宇宙的全部力量只对那些有强大意志力的人来说有用。在金钱没有用处的时候，它就发生作用了。在其他方面都不如意的时候，它却产生作用。以我所有的经验看来，当我暗中依赖这股力量的时候，它从未让我失望。尽管和每个人一样，我在生命中总有些时候并未充分利用这种力量。

对于那些了解自己意志力的人来说，没有什么困难是不能克服的。他们总会在身边找到某种方法去面对困难，尽管这些方法并非他们所想。

在我事业早期，有一个印象深刻的经历。当时我想购置一块地产，要花好几百万美元，但我没有那么多现金。起初我想要谈下一笔贷款，走了好几家银行，希望能得到一部分资金，但我得到的只是拒绝。

在第二天早晨的公司董事会会议上，我想要宣布买下这块地。路上，我怀着一种坚定的感觉，无论自己是否付款，都会拿下这块地。就是带着这样一种坚定信念，我参加了会议。在会前我就制订出一个计划，我清楚地知道我无须支付一分钱就能拿下。我的计划就是全部发行债券，并在购买价格上追加一笔可观的金钱作为奖励，以鼓励业主出售。

我只字不提银行拒绝给我贷款的事，我在业主面前把这提议摆出来，他们二话不说就接受了。实际上，他们非常欢迎奖金的提议。当我和银行说自己完成的交易时，有个人大喊道："不可能！"当一个人决心做成一件事情的时候，没有什么是不可能的。

随后几年里，我同样不花一分钱就收购了好几处房产。

在事情未完成之前，一切都看似不可能。

——纳尔逊·曼德拉

希　尔

所以说意志力的起点是明确的目标？

卡内基

明确的目标是**所有**人类活动的起点。意志力则是我们决定出发后让我们持续下去的动力。

希　尔

那是否可以说不屈不挠的意志力加上坚定的目标等于成功？

卡内基

这只是一种简短的说法。如果你想问是什么让一个人有坚定的目标，我会说**动机**。

希　尔

我们这么说吧：动机加上坚定的目标，再加上不屈不挠的意志力等于成功。

卡内基

基于你描述个人成功哲学的那句话，我会觉得这个说法更好些。

希　尔

　　卡内基先生，当阻碍和压力出现时，有减缓迹象的意志力是什么呢？

卡内基

　　动机！加上对实现目标的强烈欲望。如果我们的动机根深蒂固，对实现动机的愿望异常强烈，自然就会涌动意志力。如果我们处于绝对自律控制下，我们就有能力在需要的时候召唤意志力。这就是自律最主要的好处之一。

希　尔

　　当我们不使用意志力的时候，它会瓦解吗？正如其他力量一样？

卡内基

　　是的，头脑中的力量通过运用方得发展，和身体的物理力量一样，其涵盖自然界中最基本的增长定律。自然界排斥任何形式的闲散。每个生命体都必须持续通过斗争和行动保持生长。运动一旦停止，死亡即刻降临，不管你是研究植物体还是更高形态的生物体，皆是如此。

希　尔

　　这就是为什么您在我们讨论全程中如此强调采取行动的重要性，是吗？

卡内基 ————————————————————————

　　没错！我一直试着清晰无误地表明，针对这种个人成功哲学，你若不付诸行动，将毫无价值！成长与力量源自行动。如果你想深刻地了解人们停止思考的时候会发生什么，只要看一眼那些退休便不再工作的人。人的头脑就像是一个机器，因为你不使用它，它马上就会生锈，什么也做不了。

编者按

　　卡内基在第一次讨论的结尾，强调我们走出舒适圈的重要性，因为当我们要脱离其中时，不管有多难受或担忧，只要在圈外我们就在成长。我们因奋斗而变得更强大，但现在和以往相比，更多的情况是，得益于宽屏电视和无休止的社交媒体新闻源，我们选择面前不断滚动的节目，而不是积极参与到事件当中。

　　你还记得开头"致读者"中，我提醒过邀请大家投入到生活中吗？我希望你现在开始为眼前的机会感到幸福，并且列出详细的行动清单。

　　通常，我们会拒绝走出舒适区的机会，不断接受浇灌今日所得成就的机会，强化这种习惯。我会对给我带来今天一切成功的关系和机会表示感恩。但在舒适区里，你是安全的，同时也失去了成长的机会。

挑战自己，去参与互动，结识积极的人，扩大你的思维范围，追求比你所能想象的更广大的生命——为了你、你的家人和你所处的社会。

实现自律所需触及的 6 个区域

拿破仑·希尔

此前，我说明了要实现自律所需要触及的头脑 6 个区域，并且按照我自己对其相对重要性的理解进行排序，尽管很难绝对地说哪个区域最重要，因为每个区域都缺一不可。

卡内基的说法掷地有声，我别无选择，只得将意志力放在头等重要的位置。正如他所指出的那样，"意志力控制着头脑的其他区域"，并恰如其分地将其称为头脑的最高法院。

而在我看来，情感次之，因为众所周知，"世界凭借情感运行"。

而理性的能力肯定是位列第三的，因为它不断调整着来自情感的影响，以备两者合力安全着陆。平衡的头脑代表着理智与情感的折中。

想象力排第四位，因为它能创造想法、计划，以及提供实现想要达到的目标的方式方法。

头脑的另外两个区域，良心与记忆，是头脑的必要辅助，但尽管如此，它们仍然只能列位最后。

潜意识置于首位，因为这股超级力量是头脑用以实现各区域合作的。潜意识并不纳入头脑的各区域，因为它独自运行，并且除了来自头脑的建议，不受任何形式的约束。它有自己的运行方式，自愿采取行动，正如卡内基所说，我们可以通过强烈的情感和高度集中运用意志力加速潜意识的行动。

意识与潜意识的关系在许多方面都好比农民与农作物生长自然法则的关系。农民要履行某些职责，比如对土壤开展的准备工作，一年中看准种植的时候等。农民的工作到此为止，接下来大自然就会接管工作，种子发芽、成熟，最后长成庄稼。

可以将意识比作农民，因为它在意志力的指引下为形成计划和目标做准备。如果它运行妥善，并且清晰地描绘了它想要的东西的图像（该图像是它想要实现目标的种子），潜意识就会接管该图像，向意识传递要完成目标的实际路径与方法。

在特定时间内，种子生长自然规律和最终长成庄稼不一样的是，除非有例外，否则潜意识会在其高兴的时候发挥作用。

卡内基如此重视意志力，说明他坚信把这股力量高度集中时，可以实现一个明确的结果，但他并未宣称结果一定来自潜意识的行动。关于这一点，似乎也没人能够拍胸脯确认。但有大量的证据支撑卡内基对意志力的理解，不管最终目标实现的力量来源于何处。

编者按

我们继续探讨集中注意力，专注实现最好结果的重要性。你或许天赋异禀，智商过人，受过高等教育，体格强健似运动员，或者人脉资源雄厚，但如果你漫无目的，那么你手中所拥有的资源都是多余的，直至最终你被那些目标更明确、资源更丰富和性格更坚韧的人超过。

例如，你可能拥有一艘装饰奢华的游艇，但如果你漫无目的，甚至以更糟的方式驾驶它，你注定只能坐在码头上。日复一日，藤壶爬满那毫无作用的庞然大物，这一切在缓慢中进行，并且一定会发生，腐蚀终将迫使游艇沉没。

自律能让头脑的 6 个区域形成明晰的目标并围绕着这一共同目标运转——自律本身就是一种形而上学的智囊团。这就是卡内基和希尔二人所提出的高度集中的意志力的重要性，采用这种策略，我们能够明晰目标。

想一想你想要的结果，为了实现这些目标需要做什么工作，以及你如何每天朝着这个目标去兑现自己的承诺。让你的梦想策马驰骋，用专注集中的投入去增强它的势能，并坚持不懈。这不是什么惊艳的公式，但肯定是最有效的。

大多数人都把成功的公式想得过于复杂，比如谴责他人、无所作为或者期待天降奇迹。然而很不幸，社交媒体只会加剧这种现象。那么就不难理解，为什么光是在美国，每年人们在彩票上的花销就超过了 730 亿美元。这一数值是书籍销售的5 倍之多，后者极有可能在某些方面改变你的命运，但你需要买多少彩票才有可能最终收到投资回报呢？彩票的中奖机会是三亿分之一，很有可能你永远看不到投资回报。

正如卡内基和希尔二人所述，自律在坚持中显现，我们在工作遇到阻碍时坚持不懈，专注于每天采取的行动，而非最终获得的结果。

众所周知，我们永远不会被打败，除非我们自己在头脑中接受失败，也就是说我们在纵容意志力涣散之前是不会被打败的。

比方说，在销售中，大家所熟知的那些坚持不懈的推销员通常能在销售业绩排行榜上名列前茅。广告领域也是如此：最成功的广告莫过于那些经年累月、持之以恒、保持努力不变的广告商，连专业的广告专家都用有力的证据表明，这是最后获得满意结果的唯一方法。

定居美国的先驱者们展现了当意志力与坚持不懈的努力相结合时能达成的成就，当时这个国家只是广袤无垠的荒野。随后在国家发展中，他们建立了民主社会，尽管乔治·华盛顿和他精简的部队粮草不足、衣衫单薄、装备简陋，这再次表明坚持不懈地运用意志力是不可战胜的。

随后是建立了美国工商业的创始人们，他们凭借着顽强的意志力和毅力，使得这个国家的生活提高到前所未有的水平。我们来看看这些领袖人物创下的纪录，他们的意志力与毅力为美国做出了惊人的贡献，更不用说他们为自己所积累的财富。

安德鲁·卡内基在其中名列首位。

他起初以三等舱旅客身份来到美国，从小便开始做工。他朋友并不多，也无大影响力，没接受过什么教育，但他确实拥有无限的意志力和毅力。

他白天从事体力劳动，晚上学习，学会了使用电报，最终努力成了宾夕法尼亚州铁路公司部门负责人的私人电报操作员。在岗位上，他有效地运用了这套哲学原则，并吸引了铁路高级官员的注意。

彼时，他与数百名其他在这家公司里工作的电报操作员的优势并无不同。但是他确实有过人之处，或者说大家都拥有却并未有效利用这些优势，那就是在胜利之前坚持不懈的意志力。

从我得知的生活记录，以及与他多年近距离共事的认识中，我看见他身上拥有杰出的品质，一是毅力，二是意志力，外加严格的自律，他将这几项品质结合起来用于追求明确的目标。除此之外，他和众人无异，都拥有其所从事的工作领域里一样的能力。

卡内基通过发挥强大的意志力，坚定明确的目标，坚持不懈地朝目标努力，直到他最终成为一名伟大的工业领袖，更不用说他获得了巨大的个人财富。出于自己的意志力、恰当的自律和明确的目标，他创造了美国钢铁公司，彻底改变了钢铁行业，并给熟练或不熟练的工人提供了（至今仍然提供着）大量的就业机会，更不用说他为国家积累的财富，数额之大，难以估量。

> 从二十四小时里留出一小时，
> 安静地去倾听那小小的声音，心里小声呼唤的声音。

——安德鲁·卡内基

但这名移民男孩的故事并未到此结束，尽管已经获得最终的奖赏，他依旧继续运用意志力，让自身的影响和积极力量扩散到美国的各个角落甚至国外。

他聚集的物质财富都以兴办教育的形式回馈大众，比如捐赠公共图书馆，但用他自己的话说，"大部分财富"都是由他的这套个人成功哲学捐出去的，直到如今，这一哲学依然影响着美国国内外各行各业的人们。

因此，卡内基的影响是无法估量的！他用以聚集大量个人财富的个人成功哲学直到现如今仍滋养着渴望得到这套知识的人们。多亏他的远见卓识，这套哲学涵盖了其他500多名杰出的工商业界的杰出领袖。只要人类文明持续下去，卡内基的个人成功哲学就一定会继续提供有益的帮助。

编者按

希尔提及个人成功哲学直到现如今仍滋养着那些**渴望**得到这套知识的人们。希尔的粉丝们会意识到，这是希尔所有著作的基本主题，比如在《思考致富》一书中，希尔列出第一原则"所有成功的起点是欲望"。

这套哲学之言在日后的传播中展现的影响力比乍看之下要强大得多。由卡内基委托并由希尔编著的个人成功哲学现已公开发行超过 1.2 亿本，至今仍不断被各行业的领袖、文化人物和专业运动员引用，持续改变世界。

但如果人们都知道如何才能成功，为什么大部分人并没有成功呢？原因在于缺乏强烈的欲望。因此，任何一个希望帮助他人发展的领袖第一职责是要对未来明确的可能性感到幸福，然后全面定义对于他们而言，成功是何种相貌。

既然卡内基意识到自己的成就是因为自己运用意志力和毅力的结果，也就不难理解为何他如此强调这两种品质了。这些可以**自我获得的**品质在其他领域的领袖人物身上同样奏效，比如我们想想海伦·凯勒所获得的个人成就。

海伦·凯勒在出生后不久便成了聋哑人，身上的残疾让她只能控制自己的头脑。通过意志力和毅力，她弥合自身痛楚，学会了说话，并且发展出敏感的触觉，与那些双目明亮的普通人相比，她与自己的头脑产生了更深的联结。

她运用了相同的意志力：

· 获得了与常人相比更平和的头脑。

- 获得了必要的信念度过生命的黑暗时光。
- 获得足够的教育，使得自己能运用身上健全的器官更深地感知自我本质，甚至比普通人做得更好。

如果我们需要证据来表明，在所有为了获得自律的日子里，自律本身便是最好的阐释，那么我们能从海伦·凯勒那卓尔不群的成就中取得例证。然而，对于她这种战胜了看似难以逾越的障碍的壮举，我们同样能在爱迪生身上发现这种戏剧性。

爱迪生年纪轻轻就开启了职业生涯。学校里的老师说他头脑迷迷糊糊的，没法教，便赶回家了。仅仅3个月后，爱迪生的这颗"迷糊的"脑袋瓜产生了众多世界上的伟大思想。那些敢说自己理解爱迪生的人，和我一样，有权相信爱迪生最重大的资产就是他那不屈不挠的意志力。

爱迪生一再证明卡内基所说的意志力的力量不可抗拒。伟大的爱迪生在还是电信报务员的时候，经历了"流浪汉"般的生活，四处流离。随后，他开始严肃认真地利用自己的精力，着手并发明了赢得世界声誉的世界第一个成功的白炽灯。

大多数学校儿童都知道白炽灯发明的故事，但鲜有人能抓住其全部含义。发明家胜利背后的真正力量，让他历经成千上万次失败，直至白炽灯臻至完美。我们会在这个例子中发现意志力和毅力以最高形式结合在一起，但这些品质并不是那么显而易见的，除非我们停下来仔细考量，其实一般人在经历了一两次失败之后便灰心丧气，并放弃之前所有努力，然而更多的人甚至等不及失败的来临，只因他们提前预想到会失败，便放弃了。还有的人对意志力全然不知，他们从未放弃，因为他们从未开始！

编者按

　　希尔谈到了我们过时的教育系统中最基本的问题之一。我们教孩子们数学、科学、历史等，所有这些科目都有其实际使用的时间和地点。然而，当下这个时代孩子们被保护得越来越好，这让他们免遭世界的伤害，但或许学校所能教授的最好一门课是让孩子们在自己所选择的任何一种领域中享受不断涌现的挑战。这样的话，失败不再是可能发生的事情，而是一定会发生的事情，只不过发生概率的多少不同罢了。这样能使我们的孩子在不同的境遇之中学习，重新评估自己的行动方案，比以前变得更有超前意识、强大和坚韧。

　　失败能打磨意志力，增强决心，并帮助我们确定自己到底想要什么。当我们渴望找到解决的办法时，无论是在商业活动中还是生活中，我们成功的机会便会大得多，因为我们意识到，原来每一种挑战都能有解决方案。更好的情况是，我们通过不断接受挑战，自己会更有能力找到解决方案。

　　爱迪生在面对白炽灯实验的失败时，他曾说自己着手实验的时候就已经下定决心要完成这项任务，就算余生要一直与其打交道。在这种人的字典里没有"失败"二字。

　　爱迪生的朋友夸他是"天才"的时候，他总是哈哈大笑，然后回答说："天才是 1% 的灵感加 99% 的汗水。"

　　当然这并非谦辞，而是言之凿凿。

　　卡内基说意志力是一股不可抗拒的力量，毫无疑问，他指的是在合理使用意志力，并怀有坚定信念将意志力运用在实现一个明确目标的情况下。显然，这一定义强调了个人成功哲学的三大原则，并且意志力居于首位。那么，下面会列举出想要达成杰出成就的"必做"清单所包含的三大原则。

我们研究"天才"这个定义的依据，可以查看那些取得显著成就的人物事迹。无论如何，我们都无法避免得出以下结论：一个人成功的水平与他组织并明智运用以下三个原则的程度成正比：

（1）要有明确的目标。

（2）践行信念。

（3）用自律约束意志力。

要精通这些原则的方式有且只有一种，那就是持续**践行**这些原则！意志力只对源源不断的动机做出反应。它会变得异常强壮，与锻炼肌肉一样，以系统运用的方式实现。这些原则让我们的肌肉变得强壮，也以同样的方式让我们的意志力变得强大。

> **只有那些把全部精力和心血都投入到一个目标中去的人，才能成为大师。**
>
> ——阿尔伯特·爱因斯坦

芝加哥早年遭遇过一场大火，一群商人站在城市环路街区的零售店废墟前，想着几小时之前仍好好的，沮丧地摇头丧气，然后转身离去。他们只觉得希望殆尽，决定离开芝加哥，并去新的地方重新开始。

有一名男子并未离去。他直直地望着店里的余烬，指着那个方向，惊呼道："就在这个地方，我要建立世界上最伟大的商店！"这名男子就是马歇尔·菲尔德，尽管他早已逝世，但是他意志力的影响仍未过时。据说，这名伟大商人的精神依然在著名的马歇尔·菲尔德百货公司每一位员工身上闪耀。

美国内战期间，一名失意的将领面对着一支刚刚溃败的军队。他如此丧气是有原因的：战争对己方不利，并且他深知前路困难重重。他手下一位军官提到形势黯淡时，他抬起疲倦的头，仰望天空，双眼一闭，双拳紧握，随后大声呼喊："就算要花上整个夏天，我也要在这条战线上战斗到底！"

这位将领意志顽强，做出决定，决定了北方美利坚合众国的胜利。

有人说"权利创造力量"，也有人说"力量创造权利"。但要我说，"意志力创造力量"，不管说得对不对，反正我有美国内战历史作为支撑。你去研究杰出成就人物的履历，就会发现系统性运用意志力，并坚持不懈地运用它，是一个人成功的主要因素。

你还会发现，时至今日，成功的人会以比周围环境对自己提出的更严苛的要求让自己保持自律。别人还在嬉戏或睡觉的时候，他们会努力工作，并多做一些，如果有必要的话，再多做一些，再多做一些，永不停歇，直至耗尽身上的最后一丝力气。

只需要追随他们的脚步一天，你就会发现他们无须别人监督，便会自主采取行动：

- 他们或许会接受赞誉，但他们不需要赞誉来维持行动。
- 他们听到谴责，但并不惧怕。
- 他们与他人一样会失败，但失败只会促使他们采取更积极的行动。
- 他们与他人一样会受阻，但他们会把绊脚石变成通往成功的垫脚石。
- 他们与他人一样会受挫，但他们对过往不快的经历大门紧闭，将失意转化为前方奋斗的新能量。

- 亲人去世时，他们会埋葬死者，但不会埋葬自己顽强的意志力。
- 他们寻求他人的意见，并从中汲取自己所需要的，摒除无用的，不管世人如何评判自己的判断。
- 他们知道自己无法决定世事，但可以控制自己的头脑状态，避免负面影响。
- 他们认识到自己的情绪是强大的力量来源，并且需要通过自律对其加以组织和引导，但他们会把情绪置于行动之后。
- 他们与他人一样受负面情绪的考验，但他们尽职尽责地疏导这些灾难性的情绪，让自己保持优势地位。

让我们谨记，自律能使我们做到两件重要的事，二者对成功至关重要。首先，我们能全面控制消极情绪，并将其转化为建设性行动。其次，我们可以激发积极情绪，并将其用于实现任何我们想要实现的目标。因此，在控制了消极情绪和积极情绪后，我们能让理性以及想象力自由驰骋。

我们通过养成良好的习惯，能够逐渐控制情绪。这些习惯应渗透在日常生活的点滴之中，头脑的 6 个区域便能逐步实现自律。但首先，我们应该养成控制情绪的习惯，因为大多数人一生都是情感的受害者，他们是情绪的仆人而非主人，因为他们从未养成明确的、系统性的习惯。

所有决定通过自律控制自己头脑 6 个区域的人都应该采取并遵循一份明确的计划，这份计划应该让人们时刻记得自己的目标，与此同时养成日常自律的习惯。一名信奉并成功践行这种哲学的学生曾写下这样一份信条，我想在这儿介绍它，希望能让想使用它的人受惠。

信条的条款与签名如斯，学生每日晨起后大声朗读一次，夜晚入睡前再大声朗读一次，日复一日，信条通过明晰的自我暗示进入潜意识里，让学生能够不需要提醒便自主地行动起来。

这份信条如下：

我的每日信条

| **意志力** | 我已经意识到意志力是头脑中的最高法院，我每天都会锻炼它，因为我需要这份动力完成自己想要达到的目标，而且我会养成习惯，将意志力付诸行动，每日至少一次。

| **情 感** | 我已经意识到情绪有积极与消极之分，我会养成每日习惯，鼓励自己发展积极情绪，并用以协助我将消极情绪转化成建设性行动。

| **理 性** | 我已经意识到积极情绪若不加以控制并将其引导用于要实现的目标，它会变得非常危险，所以我会用理智控制自己所有的欲望、目标和目的，而且我会用理智引导它们表达出来。

| **想象力** | 我已经意识到如果我要实现目标，我需要合理的计划和想法，我会通过每日运用想象力来帮助自己实现目标，并以此来锻炼它。

| 良 心 | 我已经意识到情绪常常因激情而犯错，理性也会因欠缺温暖的情感，让我无法感到抉择有必要结合公正与慈悲，我会鼓励自己的良心引导我孰是孰非，对于它可能做出的裁决我永远不会置之不理。

| 记 忆 | 我已经意识到记忆能发出警告的价值，我会鼓励自己的记忆变得更为敏捷，小心地让其储存自己想要快速回忆的想法，并将这些想法与自己常常想起的想法联系起来。

| 潜意识 | 我已经意识到潜意识的力量超过我的意志力，所以我会小心地将指导建设性行动的明确目标交付于它，始终以明确的目标为起点，并以实现目标的动力为后盾。

（签名）＿＿＿＿＿＿＿＿＿＿＿＿＿＿

自律可以通过养成我们所能控制的习惯一点点获得。习惯始于头脑，因此，每天重复这份信条能让人把这种有意识的习惯与需要发展和控制头脑 6 个区域的习惯联系起来。

单单是重复这些区域的名字就能起到重要的效果，让人意识到这些区域的存在。它们是重要的，我们能够通过养成习惯来加以控制。一个人的习惯特性决定了一个人是否拥有自律。

如果我们真能意识到人一生的成败很大程度上取决于我们对情感

的控制，那么那将是幸运的日子！然而在认识到这一真理之前，我们首先必须承认自身情绪本质的存在，不过大多数人一生中**从未**深切体会过。

和平始于微笑。

——特蕾莎修女

任何人在开始意识到每日重复这份信条的益处的时候，几乎也是他们开始重复践行这些信条的时候，他们会意识到情绪的存在——有些情绪需要积极利用，有些则需要加以控制，并转化成建设性行动。所以，重复践行这些信条的人会发现，无论他们是有意识的还是无意识的，几乎可以肯定的是这种重复能够形成习惯，而习惯能与其做出的承诺和谐共融。

有一条军事战略为："敌人一暴露，我们就有了一半的胜算。"这同样适用于我们头脑内外的敌人，尤其是消极情绪。一旦我们意识到它们的存在，我们几乎同步自主地建立起一种将消极情绪转化成建设性行动的习惯去对抗它们。

同样的道理也适用于意识到的优势，因为意识到优势的存在，就是在利用优势。通过严格的自律对 7 种积极情绪加以组合和控制，方能使其发挥作用。如果不控制，它们会和 7 种消极情绪一样危险。让我们再来看一看这些情绪吧。

7 种积极情绪

7 种消极情绪

例如，当信念通过有组织的行为用于建设性目的时，它才会助益。缺乏行动支撑的信念毫无用处，它只会演变成白日梦和愿望。当我们持之以恒地追寻明晰的目标时，自律就能激发信念。

人的一生，应该处于追求自律的状态，养成能激发意志力的习惯，因为在人类的自我当中，意志力是居于首位的，它是迸发所有欲望的源泉。欲望与信念如影随形，一者被激发，另一者亦然。一旦强烈的欲望被激发出来，坚定的信念也会迸发出相同的强度。通过有组织的习惯控制和引导一方，另一方就会自动接受相同的指引。而这种控制就是自律的最高形式！

各领域的领袖都能够极大地组织和控制自身的欲望与信念，以至于可以随时随地调遣。他们努力这么做，并意识到自己能立马拥有实现目标所需的信念，无论目标是什么，如健康、医疗探索、物质财富、科技创新或任何一种明确的目标。

寻找今天
艾格尼丝·马丁

我紧紧地关上了大门不再留恋昨天
对往日的伤悲与错误道再见；
暗淡无光的围墙里囚禁的
是那从前的失意与苦言。

如今我把钥匙抛在一边
找寻另一间房，
装饰着希望与笑容，
与朵朵春花绽放。

这间房子不允许思绪进入
只要它带着痛苦的意味，
任何一丝恶意与猜疑
都无法在这里获得王位。

我紧紧地关上了大门不再留恋昨天
并把钥匙抛在一边。
对于明天我无所畏惧
因我寻得了今天。

艾丽丝·玛布尔通过自律以及这套个人成功哲学中的其他原则，最终成为一名世界网球冠军。她那非凡的历程始于旧金山，那时她才17岁。她下定决心，迈出了通往自律的第一步，以成为网球世界冠军为自己的主要目标，这也注定了她的成功。

自律并非一件坐享其成的事。在实现目标之前，艾丽丝必须测试自己拥有超越普通人的能力。她在一开始，就吸引了著名网球教练埃莉诺·坦南特的注意力，当时她在金门公园观察着艾丽丝。

那天对于这位未来的世界冠军而言是美好的一天。

比赛结束后，艾丽丝心急如焚，奔向坦南特，希望获得她的认可和衷心的掌声。但那位著名的教练沉默地凝视着她好一会儿，然后决定以自己的方式给对方设置一个屏障，以此确认这名有抱负的年轻人是否拥有实现自己目标的特质。

"那么，你想成为世界冠军吗？"坦南特问道，"这是巨大的野心，但也令人钦佩。你意识到自己前路荆棘丛生吗？你准备好在努力过程中经历痛苦与失望吗？你愿意放弃同龄的年轻女孩常常追求的喜悦，而维持自己成为世界冠军的自律吗？"

"是的！"艾丽丝大喊道，"我愿意放弃一切必须放弃的事情，对此我心甘情愿。"

坦南特在这名年轻女子坚毅的言辞和闪烁的双眼中，发现了一种难以形容的品质，并决定当她的教练。

坦南特告诫道："谨记，艾丽丝，如果你足够在意，你就能取得成绩。要实现雄心壮志，需要勤奋地付出努力、忍耐和坚毅，自律必须是你的座右铭。"

随后的4个月里，艾丽丝真正理解了自律的内涵。她有时也会埋怨教练把自己当作机器人，而不是一个人，但这反而增强了坦南特的信心。每当艾丽丝以为自己打得还不错的时候，教练只会摇头，说："还不够好。"

　　师徒分开的一天到底还是到来了。坦南特着实是一名经验老到的心理学家，她决定让这名学生严格地独自生活。临别时，坦南特嘱咐："艾丽丝，把你上的课都忘掉。你天生就是一名运动员，一名网球选手。按着你的感觉去发挥，你会成功的。唯一阻碍你成功的绊脚石是你身体与心理上的懒惰。网球冠军都是在自己发挥不好的时候获得胜利的。当比赛一帆风顺的时候，要赢是很容易的。但当比赛形式艰难的时候，你必须是一名伟大的战士才有可能赢得胜利。"

　　艾丽丝的大好机会来了，她被选入精英队前往欧洲参赛。启程前，整支队伍受到了酒宴款待，先是在纽约，随后在船上，抵达巴黎后还有一次。而这次，这名年轻的体育明星第一次面临自律的考验。大多数人都无法通过这个考验，而在即将成名前陨落，因为一个人一旦获得一次成功，往往就丧失了自律。终于她被认可了，而她对于认可的反应将揭示她是否是一块成功的料。

　　艾丽丝的第一场比赛在罗兰·加洛斯球场举行，对阵亨罗汀女士（Madame Henrotin）。这名美国选手深知这场比赛将决定自己的地位，因此她全身心投入到赛前准备，让自己的身体与精神达到最佳状态，以期在赛中全力以赴。

　　比赛中，艾丽丝用力过猛，倒下了。

　　她醒来后，发现自己躺在巴黎的美国医院中。显然，这只是她那名著名教练警示过要为冠军付出的代价之一。精神上的苦楚与肉体上的疼痛交织，似乎预谋好要一起考验艾丽丝的勇气。不久后，医生告诉她，她得了胸膜炎，再也不能打网球了。

　　真是个使人放弃的好理由！ 大多数人会轻易地抓住这种理由，让自己停下努力的脚步，但艾丽丝对成功的欲望远超于一路上他人的旁言，不论别人的意见多么在理。医生可以根据自己的意愿做出任何诊断，但她也可以决定自己继续打网球。因此，尽管身体瘫痪，艾丽丝的梦想比以往任何时候都要更强大，这是由自律生出的决定。几个月以来，艾丽丝便一直在做类似这种突发事件的心理准备，她早已准备好直面现实，坚持到底。

艾丽丝坐在轮椅上回到了美国，在纽约码头与那熟悉的面孔相遇。很快，艾丽丝与坦南特踏上了前往加利福尼亚的路。

"去加利福尼亚的路上，她一直精神雀跃，"艾丽丝谈论到自己的导师，"我意识到她在分担我的痛苦，并期待着我能好起来！"

巴黎、纽约、洛杉矶和旧金山的顶尖医生都做出相同的诊断。他们郑重地警告艾丽丝："你再也不能打网球了。"

听遍了 6 个月无望的劝告后，艾丽丝决定自己安排事宜。她开始热情投入到每一件医生不让做，但她要为自己做的事情中，而这些事情连药物都无法帮助实现。她打电话给坦南特，把自己的决定清晰无误地表达出来。艾丽丝宣布，自己要摆脱这些医生和他们的意见，否则她余生将在病床上度过。

听了决定后，坦南特很欣慰。这是她一直在等待的抉择，但她也深知，这是艾丽丝自己做出的决定。自律再一次发挥了作用。绝望被"成功的意志"所代替，并最终产生了奇迹。

艾丽丝要坦南特帮她收拾好衣物，准备立刻离开医院。当时是晚上 9 点，但也无大区别，她即刻离开了医院。医生们可以在适宜的时候知道她的决定，但她已经下定决心了，没有人能够改变这个决定。

我们暂且不说故事，先快速回顾一下自律。艾丽丝处于职业生涯的转折点：她本可以接受医学专家们预言的失败，也可以调动自己的意志力，要求它恢复健康。一切都取决于她头脑中的斗争。艾丽丝曾许诺，为了成为世界冠军，她可以做出任何必要的牺牲。这也是她奋起反抗的动机。

离开的那天夜里，艾丽丝说："从现在起，我要自己解决健康问题。羸弱的身体是富人的奢侈品，我负担不起，因为我有重要的事情要做，我现在就要去做。我发现世上有两个我——强大的我和弱小的我。从现在开始，你只会看见强大的我，因为我要把弱小的我留在医院里。"

当艾丽丝走向一直在等候着的车时，她双膝颤抖，但意志坚定。决定已经做出，这是出于她自身的意志，她也将尽其所能捍卫这个决定。彼时，她深知卡内基和其他成功者都知道的道理：自律让人有勇气做出改变一生的决定，并且会磨炼人的意志，直到实现目标。她的身体没有改变，但是思想比以往更加坚定。

回到家后，艾丽丝勤勉地制订了一份世界冠军计划，这需要她从最低标准做起。每天她都需要走路，从一两个街区开始，每天增加，直到她能至少走 3 英里（1 英里 =1.60934 千米）。随后，她增加了跳绳训练来增强自己的双腿力量。为了保持良好的心态，她每天都会唱歌。

就这样一步步地，艾丽丝向自己的潜意识里输送了一幅清晰的画面，一名运动员的命运之路十分明晰。重要的是，她从未让这幅图景离开脑海。每一次跳跃，她都在想着自己的主要目标。每跳一次，她都在加强对这个目标的渴望。随着时间流逝，她的身体越来越强壮，虽然速度缓慢，但身体确实在慢慢变好。

艾丽丝又对自己的计划做了一些修改。在暂时战胜了自己的身体之后，她开始制订一套系统的计划，除了身体外，她还要控制自己的精神状态。她向坦南特请求，接管自己的家庭事务，这也意味着她同时需要监督女佣的工作、订餐和制订饮食计划、预约、打字、付账单等。因为她需要做大量的事务性工作，她没有时间胡思乱想，让她有机会在自己与过往失望之间关上大门。

几个月过去了，艾丽丝预约了医生见面，她很好奇结果是什么。医生为她的好转感到高兴，同意她再次打网球。

不久后，就在那年，仅仅经过 4 个月的准备，艾丽丝赢得了全国冠军。1939 年，她排名世界第一。回想起这一段过山车般的旅程，她说："如果你足够在乎，你的生命里有一个明确的目标，并愿意为之付出，那么就没有什么障碍是不能跨越的。"

这就是需要发展的特质——有动机助力的明确目标！没有这个特质，就不能获得自律。有了它，自律很容易实现。

我们还必须提到另一个重要原则，它帮助艾丽丝走过了这一段非凡的旅程：智囊团的力量。这也是因为艾丽丝与她的教练坦南特长期共处，给艾丽丝带来她所需要的勇气，自主掌控自己的思想。就像网球赛场上，二人组面对的战斗一样，当单独面对对抗的时候，情况会变得更加困难。

艾丽丝康复后说道："我的病痛是因祸得福，因为我现在能更好地面对生命与日常生活中的障碍。或许，我比那些没有经历过为健康而战、目标从未受阻的人有更好的应对困难的素质。"

是的，时常经受考验对我们而言大有裨益！似乎大自然有意如此安排，一个人实现目标的决心，若不经历过和目标密切相连的严峻考验，这个人就无法取得成功。大多数获得杰出成就的人都在不经意间面临着许多这样的考验，但如若这个人以正确的心态面对，那么每一次考验都让人变得更加坚强、勇敢。

> 只有历经艰难困苦的磨炼才能强化心灵，
> 振奋雄心，从而达到成功。
>
> ——海伦·凯勒

艾丽丝说："很显然，我如此幸运，能获得所有成功，这在很大程度上得益于两大因素：第一，求胜的意志；第二，我的朋友、教练和同伴坦南特对我的帮助与支持。到目前为止，她对我人生最大的影响不在于打网球的技艺上，尽管那也十分重要，但最大的影响是她激发和鼓励了我想要取得胜利的意志。"

最后的那几个字眼里，你已经读出了艾丽丝成功的秘诀！

艾丽丝之所以胜利，是因为她有取得胜利的**意志**。这种意志力会让她的自律、对情感的控制、明确的目标以及控制自己头脑的决心和成为自己主人的决定自然产生。"冠军和落选者之间真的没有什么区别，这种差别微乎其微，可能就是那额外的一股劲，坚定的决心中那细微的差别就决定了你是胜利还是失败。在排名前 20 的网球运动员身上，其机械的网球技艺差别可以忽略不计。无论是网球，还是其他各个领域，皆是如此。我可以指出成千上万名选手的名字。他们实力强大，接受最好的训练，思维敏捷，但是缺乏那一颗小火苗——王者之心，在决战来临的时候，他们仅仅是缺乏那不屈不挠的取胜意志。"

如果你不能拥有自律，坚定自己取胜的决心，那么所有能力、经验和教育都将一文不值。这就是转折点，它比所有其他因素更多地决定了你在生活中的所获。

编者按

这种 DNA 刻在每一个冠军身上，过去和将来的每一位努力付出的人身上。

为了说明这一点，让我们回到 1953 年，两名登山者开始攀登世界上最高的山峰——珠穆朗玛峰。此前，从未有人登顶。危险的地理环境、冰冻刺骨的低温和极端的海拔都让这登山的复杂程度难以估量。不过，攀登小组的情绪十分活跃，对即将到来的行程感到异常兴奋，甚至达到狂热的状态。

历经 7 个星期的艰难探险后，勇敢的组合埃德蒙·希拉里和尼泊尔裔印度人丹增·诺尔盖成功登顶，他们的勇气、技艺和看似不可能的体育壮举永远载入史册。

在取得如此非凡的成就之后，两位受人尊敬的登山者将他们的成功归功于什么呢？是准备、体能甚至是莫名其妙的好运？错了。他们都将成功归功于心理上的坚毅：求胜的意志。"我们要征服的不是高山，"埃德蒙·希拉里说，"而是我们自己。"

拳击偶像穆罕默德·阿里也有类似的观点。"冠军不是健身房里打造出来的，"他说，"而是从内心深处，那渴望、梦想和愿景里成长出来的。他们必须拥有技巧和意志。但意志比技巧更为强大。"

无所不在的意志力会锻造破坏性的习惯，也会锻造建设性的习惯，巨浪冲浪先锋莱尔德·汉密尔顿警告说："要确保你最强大的敌人不是活在你的两耳之间。"

因此，塞雷娜·威廉姆斯指出："我不喜欢输，任何事情都是。然而让我成长得最快的不是胜利，而是挫折。如果胜利是上帝的奖赏，那么失败就是他教导我们的方式。"

时势造英雄。

仔细观察所有伟大的领袖人物，我们会发现他们每一个人都必定受到必胜意志的鼓舞。此外，在抵达目的地之前，他们会反复经受对自身勇气的考验。

本杰明·迪斯雷利被许多人视为英国历史上最伟大的首相，而他这一崇高的地位是通过他必胜的意志获得的。起初，他是一名作家，但并不成功，发表了很多书，但没有一本引起公众注意。作为一名作家，他失败了，但他把失败视作挑战，并进入政界，一心想要成为首相。

1837 年，他在梅德斯通当选议会议员，但当时他在议会的第一次演讲被普遍认为是彻头彻尾的失败。他再次转失败为挑战，付出更大的努力追求更高的抱负。他从未想过放弃，到了 1858 年，他成了保守党领袖，后来成了财政大臣，并在 1868 年成为首相。

在巅峰时刻，本杰明·迪斯雷利遭遇压倒性的反对，只得辞职。然而，这位意志坚定的政治家并未将这暂时的失败视作永久的失败，反而东山再起，再次当选首相。在他的第二个任期内，他缔造了大英帝国，将其影响扩展至许多方面。然而，或许本杰明·迪斯雷利最大的成就是巧夺苏伊士运河的控制权，这一壮举注定给大英帝国带来前所未有的经济优势。

他职业生涯的基调就是自律。本杰明·迪斯雷利用一句话概括他的成就："成功的秘诀在于始终如一地忠于目标。"

西奥多·罗斯福是另一个能说明当一个人在受到求胜意志的驱使时会发生什么的例子。在西奥多·罗斯福年轻的时候，他患有严重的慢性哮喘和弱视。他的朋友对他恢复健康感到绝望，但他不同意他们的观点。他前往美国西部，和一群身体健硕的户外工人一起工作，并让自己接受一套明确的自律约束，也因此练就了强壮的体魄。医生们都说他不行，但他说他行，他也做到了。

在恢复健康的战斗中，西奥多·罗斯福的头脑获得了完美的平衡。他回到美国东海岸，进入政界，奋力挺进，直到求胜的意志让他最终成为美国总统。那些最了解他的人都说过，西奥多·罗斯福最杰出的品质是一股永不服输的意志，这是他迈向成功的垫脚石。除此之外，西奥多·罗斯福并没有多大的能力、接受过多好的教育，甚至经验也不如他周围的人，而公众对此一无所知。

在他担任总统期间，一些军官抱怨他给军队下达的保持身体强健的命令。罗斯福为了表明自己十分清楚自己在说什么，他在弗吉尼亚的崎岖道路上策马驰骋百英里。他徒步旅行的时候，指派来保卫他的特勤人员都累得筋疲力尽。有一次，他甚至还远远超过了特勤人员，以至于在石溪公园里没人跟得上他了。

所以这些强身健体的行为背后，是一颗积极的、决心不被身体缺陷所拖累的头脑。这种精神气质在西奥多·罗斯福执政期间表现得淋漓尽致。当这颗头脑发出指令"前进"，那么身体就会对指令做出反应，从而证明了卡内基所说的道理："我们唯一的局限，是我们在自己头脑中设置的局限。"

个人的力量包裹在求胜意志之中！求胜意志只能通过自律获得。这是有意识养成控制头脑 6 个区域的习惯的结果。每一种习惯在自律中都扮演着一种角色，无论这个习惯是多么地微不足道，也无论是什么原因要养成这种习惯。还要记住一点，拥有诱人的动机和明确的目标，习惯养成则容易得多。

没有我的允许，任何人都不能伤害我。

——圣雄甘地

罗伯特·路易斯·史蒂文森从出生时起身体便非常虚弱，由于青少年时期健康状况不佳，他在 17 岁之前无法持续地专注学业。23 岁那年，他的身体每况愈下，以至于医生们都想让他转院。

罗伯特·路易斯·史蒂文森在法国遇见了一名女子，并陷入爱河。他爱她炙热如火，并开始写作。尽管他的体力不足以支撑他继续写作，但他最终还是设法用自己的作品丰富了整个世界，他的作品现在被公认为杰作。其动力就是爱，同样出于爱，许多其他像罗伯特·路易斯·史蒂文森的人让自己的思想插上了翅膀，使得世界因他们存在过而变得更加精彩。若没有爱这个动机，罗伯特·路易斯·史蒂文森无疑会死得更早，也不会创造出激励了如此多人的爱与信。他把自己对自己心爱女人的爱意转化为文学作品，永垂不朽。

他以这种方式，用行动表达了他的自律，使得世界变得更加富有。这也提醒着我们，没有某种恰当形式的行为，就没有自律。单纯的希望和愿望并不会，也不能让人变得自律。自律始于动机，以明确的目标为后盾，通过明确的习惯来展现，并且这些习惯置于头脑 6 个区域的控制之下。

类似地，查尔斯·狄更斯将自己的爱情悲剧转化为丰富了世界的文学作品。他并没有因初恋失败而意志消沉，反而更加专注于写作，将其作为一种极具创造力的出路。这个目标明确的行为对很多人来说可能会拿来当作永久受挫的借口而关上大门。狄更斯通过自律，将他最重大的悲伤转变为最巨大的财富。

要控制悲伤和失望，有一个必定的规则，那就是情绪的剧变必须通过明确计划的工作来转化。这是一条无可比拟的规则！但它要求最高秩序的自律。一路上所言悲伤与失望都应用于促进我们的成就，而非导致毁灭。

编者按

希尔的粉丝们会记得他最负盛名的名言，这句话是受其导师卡内基所激发的："每一次不幸、每一次失败、每一次心痛，都会孕育同样或更大的成功。"大多数成功的人都深刻地理解这个道理。

众所周知，那些经历了婚姻破裂、生意困难或其他不幸后的人，生活也变得越来越艰难。然而一直抱怨自己遭遇不幸，只会阻碍他们日后取得更大收获，无法向过去关上大门。但其实他们可以将抱怨过去不幸、自己一无所有的精力用于为当下创造更有利的环境。

芭芭拉·科科伦在自己男友，同时也是生意伙伴与自己的女秘书离开后，用同样强烈的精力增强了自己建立一个房地产帝国的决心。今天，她是世界上最出名的企业家，以6600万美元的价格出售了科科伦集团，是热门电视节目《创智赢家》的主持人，并与世界各地数十家颠覆行业的初创企业合作。

我们每个人都会面临逆境，但别误会，面临不可避免的逆境时，一个人应对逆境的方式，才是甘为普通人和造就非凡成就者的原因。

将痛苦情感转化为有用的行动这一规则同样适用于酗酒的情况，许多人败在了酒精之下。例如，酗酒在美国酿造了不少悲剧，只有以纯意志力支撑的自律才可以控制酗酒。除非用意志力驾驭酗酒这头恶魔，否则仅靠药物治疗很可能是无效的。人们以为可以借酒消愁，但这种想法只会带来悲剧性的失望。我们必须教育全社会，直到人人都明白愁闷的情绪只有转变成建设性行动方能排遣。

当人们忙于自己所喜爱的工作时，他们就会全情投入到工作之中，当习惯养成后，便没有空闲沮丧了。

那些彻底自律的人永远不会逃避自己恐惧的事物。相反，他们会坦诚公开自己恐惧的对象，并将恐惧转变成信念，而不仅是征服或者消灭他们恐惧的对象，在这一过程中获得巨大的精神力量。每次我们运用自己意志力的时候，我们都让其变得更为强大。

无论如何务必要对"转化"一词非常熟悉！这是打开生活中大多数问题之门的一把钥匙。要掌控所有恐惧、失望或担忧，就要将其转化为某种让你头脑不停运作的紧张活动，让头脑形成与自信、信念、希望和勇气相关的新思想、新习惯。

试图逃避不愉快的经历，无论我们逃到哪里，都是徒劳。若企图用毒药淹没，更是无用，因为那只会削弱意志力，而不会消除我们妄图淹没的东西！想用酒精或药物逃避麻烦，如同用汽油灭火一样愚蠢、危险。

意志力需要通过行动表达，这是唯一已知的治疗恐惧与忧虑的解药。意志力以勇气取代失败主义。没有任何一名伟大的运动员不把自己的成就归功于自己渴望取胜的意志。

> **昨日的我聪明，想去改变这个世界。**
> **今天的我智慧，正在改变自我。**

——鲁米

拳击手吉内·腾尼从传奇冠军杰克·邓普西手中夺取了美国拳击冠军的头衔，这完全是凭借着他要获得胜利的意志，而不是他超强的体力。人们普遍认为杰克·邓普西无疑是最强壮的"拳者"，但吉内·腾尼却在意志力上更胜一筹。一年后他们再次对阵，吉内·腾尼再次获胜。比赛结束后，杰克·邓普西举起吉内·腾尼的胳膊说：

"你是最棒的。孩子，你打得很漂亮。"

艾丽丝战胜身体疾病，最终成为网球明星，各种证据表明了求胜的意志力是她成功的秘诀。艾丽丝故事里的每一个细节都强调着这个事实。如果你仔细研究，就会发现那正是她职业的转型期：当然，就是在她做出决定，离开医院，掌握自己命运的时候。

各行各业中有成千上万的真正的冠军，就像书里提及的人物一样，通过自己的意志力为自己的胜利加冕。他们首先意识到自己的弱点，然后通过求胜的意志力，将弱点转化成力量。对于那些掌握了化劣势为优势的技巧的人而言，没有失败可言。大量证据表明，无论是精神上还是身体上的脆弱，都可以实现转化。这是自律带来的结果。

当意志力通过自律得到控制，并被引至一个明确的目标时，那就没有什么事情可以称得上是问题了。

如果我们能通过意志力控制最强烈的情绪，再想想对于那些没那么强烈的情绪我们能做些什么。当我们控制了这些情绪，并学会如何将这些巨大的驱动力转化为有组织的、与我们选择职业相关的努力，我们就会毫无困难地将消极情绪转化为建设性行动。

有些人读了此章，会勾起自己的回忆，想起暗恋的经历。只有经历过这种考验的人才会对我们所说的这句话印象深刻，这是一种直击人灵魂的考验，必须直面"另一个自我"，只不过日常生活中人们很少能遇见这个自己。

有时，一个人能通过意志力挺过考验，并从中脱颖而出，成为一个更强大、更高贵和更坚强的人，但这是需要自律的，这一品质在生活的其他情况则非必要。

生意失败、金钱损失、失去自己珍视的地位，对一个人的意志力提出重大要求。但与失去一段伟大的爱情所提出的要求相比，这些要求实在是微不足道。但爱情逝去的损失，包含着挖掘和提供精神力量的可能性，只要你已经准备好通过自律将受伤的情感转化为某种形式的建设性行动。这种转化只能通过意志力实现，除此之外别无他法。

无论是精神上还是身体上，也无论是出于生活中的悲剧或其他原因，深爱的伴侣可能会分离，但他们联结在一起的精神所具有的统一性永远无法打破。我们有权利和义务将这种联结的精神力量转化为建设性行动，如果我们利用它，那么它将会把我们提升到至高的理解与智慧之境。

因此，在爱情得不到满足的逆境中，我们要么能发现萌发同等力量的优势种子，要么发现不了。然而，在自律给予我们意志力去实现优势之前，这颗种子仍在沉睡。只有一种安全的方法能够治愈这种中断的或得不到满足的爱，那就是把这种情感转变成其他建设性行动。

我们都有自己无法控制的问题，而且控制自己面临困难时的心理反应是艰难的。我们无法控制他人对自己的行为，但我们能控制自己对这些行为的心理反应。

无论情绪是积极的还是消极的，我们都无法消除这些情绪，但我们能够驾驭它们，并将其转化为某些有益的行为。

我们不能总是避免失败，有时我们也无法避免暂时的失败，但我们同样可以统筹从这些经历中滋长出来的情绪，将其转化为一种同等程度的优势力量。

明白了这个道理，你就会对卡内基所说的"每一个逆境都孕育着对等的馈赠"是什么意思了。他在这句话中表达了所有真理中最深刻的道理，但是它对一个人没有什么益处，除非那个人已经彻底地让自己自律起来，能把自己的情感置于意志力指导之下。

生活充满悲剧与失意，若不掌握这种情绪能量的转化原理，没有这种实用知识，那么人们不会真正地快乐。有了这些知识，我们既可以打开机会之门，也可以锁住忧虑、绝望、沮丧、恐惧和所有其他不愉快的事物。

在你开始扭转这把万能钥匙，并让其成为自己的财产之前不要离开本章。有了这把钥匙，当你需要的时候，你头脑的 6 个区域就会随时为你服务。

在这把钥匙的帮助下，你能够驾驭头脑中的任意杂念，并将其化作行动。每一次担忧都能转化为无价之宝。嫉妒、贪婪、愤怒以及迷信能转化为保佑你的东西。敌人也能成为你的恩人，他们不受你的雇佣，但却能让你在工作中获利。

尽管我们用不同方式反复强调这个想法，但还是请牢记，坚持以工作为支撑的明确目标是转化情绪的最佳途径。工作是不可替代的。没有什么祝福能与工作等同。对于忧虑和沮丧，没有什么能比工作更具备有效的治疗方法了。但如果把工作视为福气，那它必须是一种积极心态下的建设性行动。

只有一种东西能够代替工作，那就是失败。相反地，有人可能会说，没有什么能取代失败，除了工作。如若不解决工作问题，那么贫穷将让你无法安眠。一者存在，另一者则消失。美国大萧条期间，我们会发现有一件事比被迫工作更糟糕，那就是被迫不工作。工作是自律最根本的基础，前提是人们怀着一种渴望成为有用之人的真诚来工作。

工作是一切物质财富的起点，也是一个身无分文的人为了获得金钱必须付出的唯一事物。整个宇宙就是如此安排和维持的，每一个生命体都被迫要么工作，要么灭亡，这一事实本身就具有深远意义。它是最重要的媒介，通过它，我们能够在自我发展中"多走 1 公里"，也是唯一可以淹没悲伤与失意的方法，并且不会伤及自身。

工作给予乐意工作的人以最大的祝福。它无上的祝福只会赠予那些激情澎湃的、"多走 1 公里"的人。工作是苦是乐，取决于激发人工作的动机。我曾听有经验的人说过，最大的慰藉是在充满爱的劳作中体验到的，在一个人从事基于成就自豪感的劳动中，或为亲朋好友付出中体验到的。

> **一个人只有学会如何优雅并有效地执行命令，**
> **才能明智地下达命令。**

——安德鲁·卡内基

没有任何一种这样的劳动是有报酬的。此报酬并非物质形式，它来源于个人满足感，无法用物质衡量。它会增强人的品格，锻造强大的自律，或加深对同事的理解。

如果觉得我似乎过分强调了工作的重要性，请相信，这是因为我意识到缺乏工作意愿是我们当前生活时代最大的罪恶之一。美国人民受到各种奇怪影响的干扰，数百万人都在要求免费获得某些东西。

这种影响起到了传播失败主义精神的作用，摧毁着人们奋进。许多人受了它的影响，用接受公共慈善的意愿取代了美国传统的自决精神——要求公共慈善，这是不健康的标志。

编者按

这篇文章让我想起了著名教育家丹尼斯·金布罗博士那如同过山车般的经历。他在出版《思考和成长致富：一个黑人的选择》之前，承受着各方面的压力：灵感枯竭，自觉养家糊口很失败，但他仍然在重压之下保持乐观。

有一天金布罗情绪崩溃。由于无处释放，他放弃了职业礼貌，在采访进行到一半时，向着金融业巨头亚瑟·乔治·加斯顿一吐为快。加斯顿坚定地认为，任何能成为领域领军人物的人，都"必须先在逆境的熔炉中接受考验"。更尖锐的是，他对金布罗说，如果自己还没有做好成功的准备，就必须让位给已经做好准备的人。

加斯顿的直白建议如一道闪电击中了金布罗。39岁的他回到自己亚特兰大的家里，重新审视自己看似悲惨的处境，半死不活的手稿变成了他重燃热忱的渠道。手稿完成后，他将其寄送到拿破仑·希尔基金会，那时拿破仑·希尔基金会的总部在芝加哥。金布罗相信这次自己已足够努力，尽管等待过程中还是会紧张。

不久后，金布罗飞往芝加哥，参加基金会的董事会会议。当他走近时，注意到围坐桌旁的每个人面前，都放着他的书。

著名的保险大亨W. 克莱门特·斯通起身走到金布罗面前，问道："年轻人，关于成功你都学到了什么？"

金布罗回答说："成功的'柜台'不能讨价还价，必须提前付清费用，而且是全款。"

金布罗在人生低谷时，看到了能伴随他走向成功的光明。

不劳而获的想法，更不用说直白地要求不劳而获，都是自律的对立面。那些能掌控自己思想的人不仅愿意为自己所收获的一切付出努力，更是自我要求这种付出的特权，并付出超过他们所需要的。

那些不劳而获的人，任由每一个想要剥削他们的人摆布。个人自由与独立只属于那些通过自己努力发展头脑并用于满足自我需要的人，并且无须经过他人同意。除了获得自身意志力，没有任何其他能让人获得独立的可靠方式。

如果你不同意我此处强调的观点，那么我建议你去就近的收容所走一趟，看看那些因为生活境遇超出自我控制范围而被迫接受公共慈善的人。仔细研究这些不幸者的脸，观察他们身上激情殆尽的样子，并注意他们如何被无助的说辞自我感动，你就会明白为何我会说，一个人所拥有的最大恩赐，便是有能力将自己的愿望化作自身渴求的，无论是物质上，还是精神上的价值。

收容所与避难所是仁慈的机构。文明世界使得这种机构有必要维持着，但我们甚少见到有人宁愿接受这种仁慈的帮助，而放弃大多数人通过自身主动性所能获得的那种自由。并且我们猜想很少有人会放弃在陋室中自由生活的机会，去接受这种社会性慈善救助，即使接受了这种救助能让他们住上一等的豪宅。

自由、独立和经济安全是基于自律的个人行动的结果。人们只有这样才能实现这些普遍的愿望。自律一松绑，个人自由也随之解绑。

偶尔也有人指责，说我在介绍这种哲学的时候，过于强调把哲学作为一种促进**物质**生活需要的手段。也有人批评说，我更应该着重强调哲学的精神价值。对此，我唯一的回应是引用一个事实，即若不解决精神价值，那么贫穷将让你无法安眠。精神价值只属于那些通过自律获得个人自由的人，而不是那些不管出于什么原因，被迫接受慈善的人。

我猜想，如果你去询问那些失业和没有收入来源的人，并试图让他们对精神价值感兴趣，他们很快就会告诉你，他们最关心的是获得一份能让自己独立的收入。

总之，让我们谨记，自律最大的好处是使我们通过转化情绪（包括积极情绪和消极情绪）来帮助我们实现自己想要达到的目标。还要记住，所有的思想力量都是有用的，只要我们将其置于严格的自律之下，并将其引向明确的目标。当你将注意力转向这个方向，并掌握自己的情绪，那么你就能掌握许多情况，成为你自己的主人，否则你将失控。

当你第一次尝试转化自己情绪的时候，不要期望一下子就成为情绪控制高手，情绪在被征服之前是不受控的。征服的过程是养成习惯的过程。你应该继续努力，一旦你获得这种能力，绝不要放弃。

明确的目标是出发点，并以充分的动机作为后盾。如果你做事的动机足够强烈，那么你就能控制所有情绪。没有明确的目标或强烈的动机支持，你将无法控制住情绪。

不要忘记，脱离目标的行动是无用功。控制情绪的最佳办法是在工作中充满热情地努力，全身心投入。

自律则是让你的动机与目标变为现实的关键。

第 二 章

从失败中学习：
每一个逆境都
孕育着对等的
馈赠

我们思考的力量能引发智力爆炸，
并且这种力量可以组织起来，
建设性地加以运用以
实现特定的目标。
如果我们没有通过精心控制的习惯
将这种力量组织与运用起来，
那么我们将反受其害，
它有可能变成这么一种力量，
摧毁着一个人获得成功的希望，
并引至不可避免的失败。

——安德鲁·卡内基

对所有形式的失败"紧闭大门"

有两点事实显而易见：

- 在我们生活的环境中，每个人都不可避免地在某个时候面临不同形式的失败。
- 与此同时，每一个逆境都孕育着对等的馈赠！

你大可以四处搜寻，但无论是在你身上或是他人的经历里，你肯定无法找到上述任何一点哪怕是一个反例。因此，本章的主要任务在于描述失败**如何**能孕育出"对等的馈赠"，解释如何将失败化作赢取更大成就的垫脚石，并提出我们没有必要将接受失败当作一种准备好了的、在失败的时候可以拿出来用的借口。

本章以安德鲁·卡内基的私人研究开始。坐下来，学习一下这位伟大的钢铁大师对失败的理解吧。

希　尔

卡内基先生，您在之前的采访中说过，思想的力量是无限的，除非我们对其加以限制，您也就此解释过如果一个人能用正确的心态面对失败，就能将其转化为无价之宝。您能解释一下这个正确的心态是什么吗？

卡内基

首先，我要说明的是，对待失败的正确态度就是将其视为暂时的，我们能够通过培养意志力来保持这种心态，这是最好的方法，这样我们就可以将失败视作考验我们韧性的挑战。而这种挑战应被视为一种信号灯，我们有意将其悬挂，提示我们计划需要修补。

我们对待失败的方式，与面对身体疼痛的方式一样。身体疼痛是一种提醒我们需要引起注意、进行修补的自然方式。因此，疼痛也许是一种祝福，而非祸端！

当我们被击败的时候，所经历的精神痛楚也是如此。尽管这种感受并不愉快，但却是有益的。因为它是一盏信号灯，提醒我们不要走错方向。

希　尔

我能明白您的逻辑，但有时候失败是确定的并且形势严峻，会挫败人的积极性，让人无法自力更生。在这种情况下，我们应该怎么办呢？

卡内基

这就是自律原则能拯救我们的时候了。拥有强大自律的人不允许任何事情摧毁他们的自信，也不允许任何事情阻止他们在失败的时候重新制订计划，继续向前。你看，他们会在需要的时候调整自己的计划，但他们并不会改变自己的目标。

希　尔

我以为，失败应视作一种精神上的兴奋剂，一种刺激我们意志力的手段，是这个意思吗？

卡内基 ————————————————————————————————

　　你说得对。每一种消极情绪都能转化为一种建设性力量，从而帮助我们达成目标。自律能使我们将不愉快的情绪转变为一种驱动力，每次这么做的时候，都有助于培养我们的意志力。

　　你还要记住，潜意识会接受我们的"精神状态"，并采取相应的行为。如果失败被视为永久性的，而非鼓励我们采取更勇敢行动的刺激，那么潜意识就会相应地做出行动，将其视作永久失败。现在你明白了在**任何**失败中都能找到有益的馈赠有多重要了吗？这个过程是对意志力最好的训练，同时也有助于让潜意识为人们付出建设性行动服务。

无论你被打败多少次，你都是为胜利而生的。

——拉尔夫·瓦尔多·爱默生

希　尔 ————————————————————————————————

　　是的，我明白了！您是指潜意识会将我们的精神状态付诸行动，以使二者相互契合、符合逻辑，而不去考虑实践中的环境特质？

卡内基 ————————————————————————————

是的，但你几乎没有把事情说清楚。潜意识总是会对我们头脑中的主导思想做出反应。此外，它还会养成对反复出现的想法迅速采取行动的习惯。例如，如果我们习惯了消极地面对失败，那么潜意识就会犯同样的错误，形成这种习惯。

我们对待失败的精神状态最终会形成一种习惯，如果我们要将失败作为一种资产而非负债，那么就必须加以控制。毫无疑问，你会看到一些人，从他们的即刻反应来看，似乎总会自动接受失败，从而成为顽固不化的悲观主义者。

希　尔 ————————————————————————————

是的，我能明白您的意思。每一次逆境中都孕育着"对等馈赠的种子"，我们能将其用于发展自身的意志力，并将其视作激励自己采取更有建设性行动之物。您是这么想的吗，卡内基先生？

卡内基 ————————————————————————————

一部分是，但你忽略了一点，用积极的心态接受失败，从而影响我们的潜意识，让它形成做同样事情的习惯。久而久之，这种习惯会永久存在。在此之后，潜意识将只愿接受与积极态度相关的经验。

换言之，潜意识应训练成一种将所有消极经历化作激发更大努力的冲动，这就是我想要强调的一点。

编者按

前美国海军海豹突击队指挥官乔科·威尔林克运用一个简单的回应帮助其属下重塑心态。每当下属当中有人向他发泄受伤的情绪，抱怨逆境或挑战时，威尔林克都回应"好"。

"当事情变得糟糕的时候，"威尔林克在他的播客中解释说，"总会有些好事要发生。简单的一句话揭示了一个绝对真理，那就是每一个问题都不过是找到解决办法的机会，这才是真正获得成长之处。你能解决问题的办法越多，你就越可能实现目标，不管是在战场上还是会议室里。"

"如果你能说出'好'这个字，就说明你还活着。"威尔林克在谈及自身管理风格时候说，"这意味着你还在呼吸。如果你还有呼吸，那你的身上还存在着斗志。"

当你面临下一个问题的时候，不要向挫折屈服。相反，将它看作一个鼓舞人心的信号，提醒自己是时候加把劲了。

希　尔 ————————————————————

显然没人能摆脱习惯加之身上的定律。如果我没理解错的话，卡内基先生，失败也能成为一种习惯。

卡内基 ————————————————————

不仅失败可以成为一种习惯，贫穷、忧虑和各种性质的悲观主义都会成为一种习惯。任何一种思想状态，无论积极还是消极，一旦成为头脑中的主导思想，那么它就会成为一种习惯。

希　尔

我从未想过贫穷也会成为一种习惯。

卡内基

那你就需要重新审视了，因为贫穷是一种习惯！当人们接受了贫穷的状况，那么这种思想状态就会成为习惯，这个人就会成为穷人，并会一直如此。

希　尔

您说的"接受贫穷"是什么意思？我们身处的国家资源如此丰富，我们怎么会接受这难以想象的贫穷呢？

卡内基

接受贫穷，是因为我们忽视创造财富的计划。我们的行为或许通常是非常消极的，什么都没做，还缺乏明确的目标。我们或许没有意识到这就是在接受贫穷，但结果是一样的。潜意识会根据我们的主导思想行动。

失败极其重要，我们总在谈论成功，但我们对抗或利用失败的能力常常能带领我们迈向更大的成功。我遇见过那些因害怕而不敢尝试的人。

——J. K. 罗琳

希　尔 ————————————————————————

照这么说，成功也是一种习惯？

卡内基 ————————————————————————

你把握住意思了！成功当然是一种习惯，而且是这么一种习惯：我们通过确立一个明确的主要目标，制订实现这个目标的计划，并为我们所珍重的价值执行计划。除此之外，潜意识还会主动向前，迸发灵感，帮助我们实现目标。

希　尔 ————————————————————————

那么，出生贫穷的人除了贫穷之外什么也看不见，终日只能听见贫穷，和接受了贫穷的人打交道，首先会遭受"双重打击"，这是真的吗？

卡内基 ————————————————————————

确实，但不要认定这是无法扭转的局面！大多数美国成功人士都出身于你刚说的这种环境，这是公认的事实。

希　尔 ————————————————————————

那么，我们怎样才能控制这种情况？在像我们这样的国家里，许多人能吃饱饭，可与此同时还有很多孩子出身贫寒，难道我们没有责任帮助这群人改善生活吗？难道仅仅因为出生在错的环境中，这些孩子只能对自己的命运无能为力吗？

卡内基 ————————————————————————

现在你已经触及了我的核心思想了。当我托付你进行这项个人成功哲学的相关工作时，看到你因这一议题而激情澎湃，我也很高兴。

我对于应对贫穷的建议，也就是我现在所做的，想要为你帮助人们战胜贫穷做准备。

正如我告诉过你的那样，我正把自己积累的财富捐出去，但这并不能解决你提到的问题，哪怕是一部分。人们并不需要金钱的馈赠，人们需要的是知识的宝库，通过知识，他们能够实现自决，不仅包括对金钱的认识，更重要的是如何在与他人的互动关系中寻得幸福。

我不妨在此时此地请你注意一个事实：对于少数富有人群来说，如果他们的大多数邻居还无法达到基本生活的基线，他们是不会拥有持久的幸福的。

你必须牢记，贫穷是一种心态，一种习惯！物质上的馈赠永远不会让人摆脱贫穷，改变贫穷的起点在于个人的思想，而开始改变的方式是要激励他们运用自己的思想：富有创造力的思想，通过提供有用的服务来满足人们自己的渴望。

这是一份不会伤害任何人的礼物，也正是我准备让你带给美国人民的礼物。

希 尔 ————————————————————

那么您相信，除非我们自己努力去争取，否则不可能获得丰硕的物质财富？这是您想表达的吗，卡内基先生？

卡内基 ————————————————————

正是如此！人类最高的追求是一种称为幸福的心境。我从来没听说过，有人能不做出对他人有益的某种行为就能获得持久的幸福。你看，积累财富这件事，在正确的精神指导下，不仅能提供我们本性所需的必需品和奢侈品，还能在活动中激发快乐。我们人类天性里包含着通过个人表达建立和创造快乐的部分，拥有超出实际生活必需品的物质财富，并根据提供的服务程度换取幸福。

希 尔

卡内基先生，我觉得您带我思考得很深，不过我能理解您的意思。您是说，物质占有与占有本身并不能带给人幸福，但这些物质起到的作用却能换来幸福，您是这么想的吗？

卡内基

不仅是我这么想，这就是事实！我是很明白这个道理的，因为我经历过贫穷也经历过富有。我从贫穷起家，通过工作致富。因此，当我说真正的财富并不在于物质本身，而是使用物质的方法时，我是根据经验说出这番话的。这就是为什么我要捐出自己的大部分物质财富。但请你注意，我并没有将财物送给个人，而是放在了可以激励个人**自助**的地方。

希 尔

那么，您的想法是要向美国人民提供一种实用的哲学，让他们用与您获得财富一样的方式，通过自我努力换取财富？

卡内基

这是所有人想要获得任何东西唯一安全的方法！我的目标是为美国人民提供一种哲学，使他们建立起成功意识。这是我目前所知的唯一可能战胜你所说的贫穷意识的方式。我们当然不能通过任何物质馈赠的体系来消除贫穷，这种制度只会损耗人的意志，让他们更加依赖他人。

这个国家需要一种类似于建国者们所采用的哲学——一种自决的哲学，使每个人都同时具有自己获得财富的动机，以及实现这一目标的实际手段。

希　尔

卡内基先生，您是说您不相信慈善吗？

卡内基

我当然相信慈善，但不要忽略一个事实，即所有形式的慈善中，最健全的是帮助人们自助。这种帮助的形式从帮助人们整理自己的思想开始。每个正常人的头脑里都有成功和失败的种子。在我看来，慈善是一个系统，它能鼓励成功滋长，阻止失败蔓延。

我认为，只有当人们由于身体或精神上的残疾而无法帮助自己的时候，才应该对其施与物质上的援助。但我们在这类慈善活动中常常犯错，通过礼物的馈赠来认识身体的残疾，而忽略了鼓励那些身体残疾的人运用自己思想的可能性。我认识许多人，他们身体上的病痛足以使他们有理由期待施舍，但他们拒绝这样的帮助，因为他们已经找到了通过运用自己思想来谋生的方法，这样，他们就不会感到自卑。

安逸只属于昨日。

——美国海军海豹突击队

希　尔

但您应该是认同要为那些无法养活自己的贫困人士和老年人提供救济房屋的吧？

卡内基

不！我很肯定地说，我不认同！因为"救济房屋"一词本身就有引至自卑情结发展的含义。

但我非常认同为老年人和贫困人士提供补偿的制度，只要这个制度允许个人在自己选择的环境中过自己的生活。

要妥善处理这种情况，必须精心监督每周或每月的津贴制度，使每个人都能够维持自己的家庭生活。我认为，这一制度不应仅仅以捐款结束，而应当提供除了阅读以外的某种形式的精神活动。最大的祸根是剥夺人的精神食粮，使其永远无所事事。我从未听过有人从生机勃勃的生活"退休后"而不感到遗憾的，因为我知道那些人生来便拥有一个可以思考的头脑，并非追求无所事事。我也知道，没有一个懒惰的人是幸福的。

希　尔

那么您是不是不认同剥夺了人的自由、也不给予足够机会让人建设性地运用头脑和身体的监狱制度呢？

卡内基

是的，我不认同这种制度，因为有些人有犯罪倾向，不能信任。每个监狱都应该为身心发展提供充足的活动。囚犯不能通过惩罚或无所事事来改造。改造只能通过正确的引导活动，必要情况下使用强力，来引导正确的习惯养成。

我们的监狱制度留下一个祸根，那就是它通常作为一种"惩罚"手段而存在，而非恢复革新的系统。如果你想让一个人洗心革面，你必须改变他们思想的习惯。

这一点适用于出狱和在押的人。

还有成千上万的人虽然没有被指控犯罪，但身陷假想的囹圄，他们是自己思想的囚徒，通过接受贫穷和暂时的失败，被自己所强加的局势所束缚。我想通过个人成功哲学解放的人群正是他们。

希 尔

我从未把这群人想成囚犯，但我听了您的分析，觉得确实有很多人都被自己囚禁了。

卡内基

是的，最坏的是，数以百万的这样不幸的人，在这种环境下出生。他们来到这个世界，并没有要求活在这种困境中，然而他们还是到来了，围困在与铁铸石造的监狱无疑的境地里，四面围墙坚不可摧且致命。必须拯救这些小"囚犯"们！拯救必须从唤醒他们自己的思想力量开始。

不要再沉湎于昨日的悲伤，
让我们振作起来，创造一个新的明天吧！

——史蒂夫·乔布斯

希　尔

卡内基先生，何处何时能产生这种觉醒？

卡内基

这种教育应从家庭开始，并作为公立学校教学系统的一部分进行下去。但除非有人提出一个得到公众支持的切实方案，否则这条线路就无法实现。

希　尔

那么，实行这种教育培训作为补充，让学生学会以运用个人主观能动性为基础的个人成功的基本知识，您认为有必要在全国实行这种教育吗？

卡内基

这是美国迫切需要的。请记住我和你说的：如果不实行这种制度，那么这个国家很快就不再是过去那样一个拓荒型国家，这是迟早的事。人们会对机遇变得漠不关心，他们不会再主动采取行动，他们很容易成为哪怕是一丁点儿失败也无法承受的受害者。

希　尔

那么，您相信公立学校应该教授学生拥有节俭和自决精神的品质吗？

卡内基

是的，在家里也要如此教育。但大多数家庭的问题在于，父母与孩子同样需要这种训练。事实上，父母是影响孩子使其接受贫穷的罪魁祸首。因为孩子会接受他们父母所接受的任何境遇，这是很自然的。

希　尔

那么您相信自律应从家庭开始，并且父母要做到节俭、有雄心壮志和能自力更生吗？

卡内基

是的，家庭是孩子对生活产生印象的第一个地方，也是在这里孩子常常会养成失败的习惯，这种习惯会伴随他们一生。追溯任何一个成功人士的记录，你就会发现在某个时期，可能在童年早期，他们会受到一些可能是家庭成员也可能是近亲中有成功意识的人的影响。

那些获得了成功意识的人很少会允许这种意识因失败而泯灭。你可能会认为成功的意识能让人对所有形式的失败产生免疫力。

希　尔

那么，卡内基先生，您现在一定从与人打交道的丰富经验中，了解到失败的主要原因是什么了？

卡内基

　　了解失败的原因，这是十分必要的。你可能会惊讶地发现，导致失败的原因是成功的原因的两倍多。

希　尔

　　您能按照其重要程度逐一列出吗？

卡内基

　　不能，那不切合实际，但我会列出一些，把最常导致失败的原因放到最上面：

（1）　缺乏明确目标度过一生的习惯。这是导致一系列失败的主要原因之一。

（2）　出身时身体遗传基础不好。顺便说一句，这是导致失败的唯一不可被消除的原因，但即便如此，我们也能通过智囊团原则加以弥补。

（3）　对他人多管闲事，耗费自己的时间与精力。

（4）　对从事的工作准备不足，尤其缺乏学校教育。

（5）　缺乏自律，通常表现为在饮食、酒精和性方面上的行为过度。

（6）　对提升自我的机会漠不关心。

（7）　缺乏超越平庸的雄心壮志。

（8）　身体不健康，并且常常是由错误的思想、不合理的饮食和缺乏锻炼引起的。

（9） 童年早期不利的环境影响。

（10）对于着手的事情不能坚持到底（主要由于缺乏明确的目标和自律）。

（11）在生活中习惯采取消极态度。

（12）没有养成通过刻意且有益的习惯控制情绪的习惯。

（13）有不劳而获的欲望，通常通过赌博以及更令人不愉快的不诚信表达这种欲望。

（14）优柔寡断和不确定。

（15）具有 7 种基本恐惧中的任何一种或几种：贫穷、受到指责、健康状况差、失去爱、衰老、失去自由和死亡。

（16）婚姻中择偶错误。

（17）在工作和职业交往中过分谨慎。

（18）过于任由机会摆布。

（19）选择错误的商业与职业伙伴。

（20）做出错误的职业选择或者做出全然失败的决定。

（21）无法专注投入，浪费时间与精力。

（22）挥霍无度，没有预算控制收入与支出。

（23）无法适当分配和运用时间。

（24）缺乏可控的热忱。

（25）不宽容——封闭的思想，包括政治和经济方面的无知与偏见。

（26）无法以和谐的精神与他人合作。

（27）对权力与财富的渴望，并且这种渴望并不是自己挣得的或基于对功绩的渴望。

（28）在应当忠诚的地方不忠诚。

（29）无法控制的自负与虚荣。

（30）极其自私自利。

（31）养成不依据已知事实形成观点与制订计划的不良习惯。

（32）缺乏远见和想象力。

（33）未能在必要的情况下，与有经验、教育水平高和天生能力强的人结成智囊团联盟。

（34）没有意识到无限智慧力量的存在，也无法让自己适应这种无限的力量。

（35）粗言秽语，这也反映出一个人思想不洁、缺乏自律及所掌握的词汇不足。

（36）说话不经大脑，讲得太多。

（37）贪心、充满报复欲望与贪婪。

（38）养成拖延的习惯，通常是基于懒惰，但更是因为缺乏明确的主要目标。

（39）无论有无理由，诽谤他人。

（40）缺乏对思想力量的本质与目标的认知，缺乏对头脑运作原理的知识。

（41）缺乏个人主观能动性，主要是因为缺乏主要的目标。

（42）缺乏自立精神，也主要因为缺乏建立在明确的主要目标上的强烈动机。

（43）对自己、未来、人类同胞缺乏信念。

（44）缺乏迷人的性格。

（45）养成不能自愿地锤炼自己的意志力和控制思想的习惯。

这些不是失败的全部原因，但它们代表了失败的主要部分。所有这些原因，除了第二个，都可以通过运用明确的主要目标原则和掌控意志力来消除或控制。因此，你可能会说，第一个或最后一个失败的原因控制了以上列举的其他原因。

编者按

卡内基和希尔常常用一张简单的清单就能直击问题的核心，这经常让我感到震惊。读完所有这些条款，我相信你能想到生活中有哪些人正是因为这些原因导致了某种类型的失败。或许你也可以回想一下在自己的生活中，当没有得到你想要的结果的时候，无论是个人生活上的还是事业上的，你都可以得出一个准确的诊断。

这份列表最好的地方在哪里？那就是解决其中所列缺点的方法通常是相反的，这也是这份列表如此强大的原因。通往成功的道路可能很简单，就如这份列表所展示那样，但要做到并不容易。当逆境不可避免地袭来时，坚定的意志力赋予我们奋起的精神，从而使我们能够达到目标。

希 尔 ————————————————————————————

　　您的意思是说，如果控制了导致失败的 45 个主要原因中的第一个和最后一个，一个人就会在成功的道路上走得很好吗？

卡内基 ————————————————————————————

　　是的。如果一个人正在努力实现一个明确的主要目标，并且能够有效组织自己的意志力，让其成为引导自己思想的力量，那么我会说，这个人很有可能会成功。

希 尔 ————————————————————————————

　　但是仅仅这两个原则并不足以使人免于失败，是吗，卡内基先生？

卡内基 ————————————————————————————

　　是的，但它们足以让一个人东山再起，按计划行事。正如我说的，自律意味着一个人不会接受任何失败的情况，对于他们来说，那只不过是激发更大努力的暂时经历而已。

成功最确切的方法就是尽力再试一次。

——托马斯·爱迪生

希 尔

假设是这种失败呢？就是它严重地损害了一个人的身体，比如失去双腿、双手或中风，限制了人身体的某个部分，或者整副身躯。

难道这不是一种严重的障碍吗？

卡内基

可以肯定，这确实是一种障碍，但不一定是永久的失败。世界上一些成功的人是在身体遭受了折磨后才获得巨大成功的。让我再次提醒你，智囊团这个原则已经足以让一个人去了解人类已知的、所有能取代体力劳作的知识了。

希 尔

是的，当然！那么，如果人们无法运用智囊团原则，那么明明他们有可以补救的方法，但或许会因为自己的疏忽而失败？

卡内基

你理解得很正确。智囊团原则可以帮我们找到一切可以替代身体的东西，除了动脑本身。只要人会思考，他们就能运用这个原则。并且有时候，人们只有在被剥夺了身体某些重要功能时，才会发现自己头脑的潜能。在这种情况下，通常可以说，他们虽然身体残疾了，却因祸得福了。

我认识一位双目失明者，就算不是全世界，那他至少也是美国成功的音乐教师之一。在失明以前，他仅仅是一名普通的乐团成员，生活俭朴，但他身体的痛苦使他获得了更多的机会与收入。

海伦·凯勒虽然承受身体上的痛苦，但她通过坚定的意志力成了美国伟大的女性之一。

希　尔

他们是因祸得福？

卡内基

是的。如果身体上的残缺能让人们以更强大的意志力武装自己，那么很有可能，通常来说也是如此，福报很明显。这全凭人们对自身身体缺陷的态度。

如果他们真的做到了自律，那么他们就会以各种各样的方式将其转化为资产。

编者按

几年前，我采访了退伍军人托德·洛夫，他所拥有的将逆境转化为机遇的能力非同凡响。在阿富汗服役期间，20 岁的洛夫右手手持一把 M4 卡宾枪，左手拿着金属探测器，带领其海军战友们进入一个空大院清除威胁。但洛夫踩到了一个简易爆炸装置（IED），把他向后炸飞 15 英尺（1 英尺 =0.3048 米）。爆炸装置由低金属铜制成，所以金属探测器没有探测出来。

意外发生后两天，洛夫在德国一家医院醒来，这是他在意外发生后最先记得的事情。由于经受剧痛，他猜想自己一定是站在了简易爆炸装置上了，但因为他服用了大量药物，并没有意识到自己的伤势有多么严重。

几天后，他被送往美国接受了更多治疗。洛夫说："我开始觉得很好奇，很想去抓自己的腿，但它根本就不在那里。我只感觉到医院的床。"他这才意识到自己在爆炸中失去了双腿。

他一只手缠着绷带，伤势严重，医生建议他肘部截肢。洛夫同意医学上的意见，截肢后，他只剩下一条完整的肢体。他的身体可以说是被撕裂了。

如果洛夫从此痛恨世界，并在自怜中度过余生，难道这不是完全可以理解的吗？当然可以理解，但洛夫并不允许自己这样。这位自称为肾上腺素狂热爱好者的男子已经成了一名跳伞爱好者，甚至还完成了 5 次斯巴达勇士赛。只需要在网上搜索一下洛夫的照片，你就能看见他的脸上充满着振奋人心的勇气。

洛夫将这次意外称为"祝福"。他向我解释说："这件事让我重新爱上生命。尽管我要面对这些障碍，但我能够清楚地认识到所有真正爱我和关心我的人。这就是生活。每个人都需要经历自己生命中的一些事情。对于我来说，我所受到的伤害是显而易见的，但我们每个人在生命里都要面对不同的障碍，重要的是我们要保持积极的心态，专注于我们能控制的事情。"

尽管洛夫的身体受伤了，但他保持了一种超越自身环境的思维方式。正如卡内基此前提醒我们的那样："有时候，人们只有在被剥夺了身体某些重要功能时，才会发现自己头脑的潜能。在这种情况下，通常可以说，他们虽然身体残疾了，却因祸得福了。"

不管我们对自己说什么，总之没什么正当理由能维护永久的失败。

希　尔

　　卡内基先生，大多数患有严重身体残疾的人不都是以消极的态度接受他们的痛苦，把它当作失败的借口，而不是控制自己思想的挑战吗？

卡内基

　　不幸的是，的确如此。但放弃的人总会找到失败的借口，不管他们的身体状况如何。我猜想，身体健全的戒烟者比因身体不适而戒烟的人多。

　　在像我们这样的国家里，每一个有用的服务领域都有大量的提升自我的机会，用来解释彻底失败的借口是不能令人满意的，除非一个人的头脑受到损害。海伦·凯勒已经证明，失去五官中最重要的两种并不意味着人就会失败。她通过意志力，明确地弥合了身体的缺陷。在智囊团原则的帮助下，她给人们上了必要的一课，并且非常有用，那就是就算肉体遭受极大损害，思想也不必囚禁起来。贝多芬在失去听力后也有类似的表现。

　　有时身体素质的丧失只会增强一个人的心理素质。我所认识的人中，那些取得巨大成功的人，没有人是没有遇到过和克服过短暂的失败、巨大的困难的。每次从失败中崛起，他们就会在精神和头脑上更加强大。因此，随着时间推移，一个人可能会因暂时的失败，反而找到了真正的内在的自我。

希　尔

　　如果他们对失败采取正确的精神状态呢?

卡内基

　　当然! 那是可以理解的。没有什么能够帮助在失败时就放弃的人。相反,没有什么能阻止一个人接受失败的挑战,为此付出更大的努力。不顾失败而生存和取胜的意志会让人受益于一种奇异而未知的力量。

　　这种意志会在各种不利的环境中伸出援手,并为一个人带来神秘的、隐形的"盟友"。他似乎没有意识到周围环境是绊脚石,而将其作为垫脚石。每个仔细观察的人都注意到这一点了。

希　尔

　　对于一个从未经历过失败的人来说,这是有益的还是有害的?

卡内基

　　我的猜测是,如果从来没有经历过失败,人类自我是无法实现成功的。我常常认为,失败可能与补偿法则密切相关。爱默生就此也曾写道:"这种法则帮助人们在精神上保持平衡,因为它向人们证明,毕竟,他只是一个人!"

　　另外,失败也可以是一个用来检验人的明智计划。我之所以得出这个结论,是因为伟大的领导者似乎总是被迫经历超过平均次数的个人失败。在工业世界里,我最熟悉人们对失败的反应。我观察到,如果不培养出将失败转化为要求更大努力的挑战及其所必需的自律,那么没有人能够长期担任领导。

我的理论是，每当人们拒绝接受暂时的失败时，他们就会相对应地更能掌控自己的意志力。因此，经过一段时间，一个人能通过失败的刺激，真正培养出一种不屈不挠的意志。此外，一个人也无法逃避这样一个事实：战胜失败会培养出更强的自信心，这种心态可以消除头脑中所有的局限。

希 尔

那么您相信我们不能使用信念的力量，除非我们能冲破失败是永久的这一思想？

卡内基

是的，这就是我的信念。信念是一种精神状态，在这种状态下，人们的思想是这么被引导的，尽管他们可能还没获得足够的物质证据来支撑这种信念，但尚未达成的目的将清晰无误地呈现出来。显然，只要他们坚信失败是永久的，那么他们的思想就不会对信念的影响敞开大门。

因此，你可能会说，与我们对待失败的态度相关的自律，是为践行信念做准备的一个重要部分。

信念让我们相信，即使我们的努力暂时失败了，但我们还是对最终的目标坚定不移。

希 尔

照这么说，失败应当被人们接受，当作一种必要的初步训练，以将信念付诸实践，您是这个意思吗？

卡内基 ————————————————————————

　　是的，这是表述它的一种方式，但很多人会将自信误认为信念，从而感到困惑。自信是一种精神状态，我们相信某件事情，是因为有一些物证或者基于现实的对事实合理的假设。而信念是在没有任何现实形式的物证下，我们依然相信某事的一种精神状态。自信是推理能力的产物，而信念位于理性之上，把所有的物证都推到一边，使我们能够相信未获得以及未眼见之物。

　　信念很有可能是通过头脑中的潜意识部分来运转的，而根据目前广为接受的理论，潜意识是有限心智与无限智慧之间连接的纽带。如果这个理论是正确的话，那么信念就是无限智慧在意识中的闪耀之光。

他们试图埋葬我们。他们不知道我们是种子。

——

——希腊谚语

希　尔 ————————————————————————

　　我想我明白您的意思了。例如，爱迪生创造了第一个说话机器留声机，他之前也没有现实的物证来表明这种机器的存在，因为之前从未有人做出来过。但他坚信不疑，相信留声机是可以存在的，并作为一种可行的理论，将信念付诸行动，并最终制造出了留声机。是这个意思吗？

卡内基

不，我是这么认为的，他将自己的信念付诸行动，他意识到说话机器是可能存在的，并相信自己有能力改善必要的机器设备而制造出自己想要的机器。因此，他的发明是一种自力更生与自信和信念的结合。他的自信是基于他在制造机械设备方面已有的能力和经验。显然，他的信念并非来源于他对自己能力或经验的自信，因为他从未有制造过会说话机器的经验。

人们要相信已知的或可证明的物质事实，或者他们以为已经存在的事实是不需要信念的，因为是理性在引导着他们。但当人们相信未知的、尚未证实的，至少是暂时无法证实的东西时，他们的确信就变成了信念。自信与信念之间的差别难以解释，但要理解两者之间存在差别是非常重要的。

爱迪生先生发明白炽灯，是自信与信念的结合。他对自己将电能应用于电线并将其加热产生光的能力充满信心。因为他有证据表明，根据前人的经验，这是可以实现的。

但他发现光有自信还不足以让他发明一盏完美的灯。他需要一种能控制电线的热量，使得这盏灯永不磨灭的材料。他没有证据表明使得这个想法变成现实的必要因素是存在的，但是他有**信念**，相信这个东西存在，而这一信念带领着他经历了成千上万次暂时的失败，直至最终他找到了它。只有信念才能支撑一个人度过许多这样的失败。

因此，你可以说，白炽灯是爱迪生的自信创造出来的，而他的信念使它臻于完美。

现在你明白自信与信念的区别了吗？

希　尔

是的，卡内基先生，我现在很清楚了。自信是无限智慧之子，是基于物质证据的。而信念则是无限智慧的启示之光，在没有物质证据的情况下发挥作用。

卡内基

好吧，我们保守地说，信念是揭示之光在没有物质证据的情况下运作的。我们不能证明它就是无限智慧投射的亮光，虽然我们相信它就是。但我们不可能更接近坚定信念力量的根本来源，正如我们不可能更接近证明电力的真正来源一样。但是，我们可以切实地使用这两种力量，所以我们就不要试图用定义来区分这些细枝末节了。

事实上，我们都不知道生命是什么，它的起源在哪里，但我们可以合理利用生命，让自己适应已知的自然规律。我们要对创造生命的无限力量充满信念。

希　尔

从您对失败的分析中，我感到您相信任何形式的失败都有它的益处。

卡内基

是的，不仅是我相信这一点，而且这是真的。失败的好处在于人们面对它的心态。一个消极的态度有可能将失败引至永恒的失败，从而使之成为一种伤害。对待失败的积极的态度可以把失败转变为一种自我约束的有利方式。通过这种方式，人们能更好地控制自己的意志力。

因此，我们很容易理解在什么情况下失败有可能成为一种助益或者障碍。这种选择完全是个人偏好的抉择，因为这是由个人控制的。我不能总是控制失败的来源，但我总能控制自己面对失败的态度。你明白了吗？

希　尔

明白了！从您对失败的分析中，我明白了一个人应该主动培养一个习惯，那就是将失败视作一种挑战，然后再试一次。

卡内基

是的，但你还没有充分强调"习惯"那个词。这是最重要的。一个人应该将习惯反过来，改变它。一个人面对一次失败的态度不是那么重要，但重要的是他面对一次次失败时不断重复的态度，因为重复造就习惯。

编者按

"**重复造就习惯**。"我喜欢这句话的简洁。花点时间回想一下你是如何度过这一天的，或者你早上读到了这里，回顾一

129

下昨天。列出离你目标更近的 3 件事和离你目标更远的 3 件事。积极的事情可能是你参加了一个瑜伽课程，或者读了一本类似本书的书籍；消极的事情可能是你吃了垃圾食品，看了两个小时的电视。

现在我们来回顾一下关于习惯的一些最著名的名言，有些可以追溯到几千年前：

"千里之行，始于足下。"出自中国谚语。

"做一件事的行为反映了你做所有事情的方式。"出自佛教格言。

"优秀不是一种行为，而是一种习惯。"通常认为出自亚里士多德。

"罗马不是一天建成的。"出自法国谚语。

"如果你照顾好每一便士，英镑便会照顾好它们自己。"出自查斯特菲尔德。

"一分预防胜过一磅的治疗。"出自本杰明·富兰克林。

"成功的人并非天生成功。他们是通过养成了不成功的人所不喜欢养成的习惯而成功的。"出自威廉·梅克比斯·萨克雷。

"然而最使人满意的进步是相对比较缓慢的。伟大的成就并非一蹴而就；我们必须在人生前进的路上感到心满意足，一步一个脚印。"出自塞缪尔·斯迈尔斯。

"只有通过自愿的自我努力才能成为天才。"出自拿破仑·希尔。

"一个人的生活质量和他对卓越的追求成正比，无论他选择努力的领域是什么。"出自文斯·伦巴第。

"忙着活着，或者是忙着去死亡。"出自《肖申克的救赎》

（其中的角色安迪·杜弗兰所说）。

"交响乐从一音符奏起；火焰从一火苗燃起；花园从一花种起；杰作从一笔写起。"出自马特肖恩那·迪利瓦又。

我相信你还能想出更多这样的名言。这些名言都强调了一个事实，那就是成功无非是每一个小胜利的积累，失败也是不断累积起来的，而且在大多数情况下，这些细节看起来无关痛痒。当我们决定过一种目标明确的生活，那么我们不仅能对必须做的任务有明确的认识，还能动力十足，每天睡前完成这些任务。

重复形成习惯，仔细规划的日常行程有利于形成重复。

卡内基

如果爱迪生不明白所有的失败都是暂时的这个道理，他就不会在成千上万次失败后勇往直前，直至他发现了能使白炽灯获得实际成功所需要的、未曾发现的原理。

因此，你看，他对失败的态度决定着成败。他所做的只不过是将每一次失败都当作砌成信心之墙的一块砖，当这堵墙高到足以让他跨越阻挡前进的知识壁垒时，他就能看见墙的另一边，找到问题的答案，将其化为己用，最终实现目标！

世上有许多令人信服的证据表明，我们无须仅因失败而停下脚步。我们将这种特质称为灵活变通。一个足够灵活变通的人是永远不会长久失败下去的。

在我的记忆中，自己在钢铁工业里从事的每一项重大行动，多多少少都遇到过失败。在我刚开始从事钢铁行业的时候，钢铁的价格是每吨 130 美元左右，业内很多最有能力的人都说价格不能大幅度降低。

但我不接受那样的说法。

我当时坚信钢铁价格可以降至每吨 20 美元。我在描述自己当时的精神状态的时候，我说的是一种信念，因为没有证据证明钢铁的生产价格能降到那么低。在信念的驱动下，我开始为此努力工作。无须说我在达到目标之前遭遇了几十次失败。但如果我当时就接受了失败的话，那么钢铁的价格可能仍然在每吨 130 美元左右。

希 尔

卡内基先生，您认为失败对我们最大的好处是什么？

卡内基

嗯，我们可以从失败中受益良多，很难说哪种教训最为宝贵，但我想我可以用另一种方式回答你的问题，我们从失败的经验里可以收获的最大的潜在好处，就是它能增强我们的意志，让我们变得灵活变通。

我之所以说这是潜在的好处，是因为大多数人允许自己被失败拖垮而不去增强自己的意志。失败只有在足够自律的情况下才能转化成一种益处，向我们提出挑战，不断奋勇向前。

希 尔

您是否认为我们对待失败的态度是决定我们成功的主要因素？

卡内基 ————————————————————————

嗯，我不会那么绝对地说这是主要因素，但它确实是导致失败最常见的原因之一。每次我们把失败当作最终的结局，这就削弱了我们的意志，不让其继续为我们服务。如果我们允许这种情况发生，那么这种态度将最终摧毁我们的所有意志所具有的切实作用。

希 尔 ————————————————————————

那么，您相信一个人应该对每一次失败都采取恰当的行动，即便是一种全然无法挽回的失败。您是这个意思吗？

卡内基 ————————————————————————

是的，就是这个意思。任何形式的失败都可能带来一些好处，即使这只是一个机会，用来证明我们拥有顽强的意志力，能够拒绝承认这是永久的失败。这么做，不仅能增强我们的意志，还能让我们自力更生。如果我们养成了温顺地接受失败的习惯，那么最终失去信心是迟早的事，而这种弱点对于个人获得成功来说是致命的。

希 尔 ————————————————————————

年龄和我们对待失败的态度有关吗？例如，一个老年人比一个没有被反复失败击垮的年轻人更容易接受永久的失败，是这样的吗？

卡内基 ————————————————————————

在某些情况下，或许，这是真的。但人们没必要这样，也不应该这样，因为随着年龄的增长，智慧也会增长。一般在财富上取得成就的人到了 40 多岁才会真正开始积累物质的财富。

这么说，我在说智慧会随着年龄增长而增长，我指的当然是那些意识到自己头脑的真实本质，并养成不接受永久失败的习惯的人。

皱纹应该只是微笑留下的印记。

——马克·吐温

希　尔

也就是说，年龄并非决定我们对待失败态度的因素，真正起到作用的是我们用于维持头脑自律的习惯？

卡内基

这你就说得很精确了。但是，没有任何一种精神状态或者思维习惯能改变事实，即智慧需要通过经年累月的成熟与实践经验获得。年轻人很少能在年龄与经验中维持判断与理性的平衡。这就是为什么在我们的智囊团里有这样两种人：

- 策划团队：经验成熟，判断可靠。
- 执行小组：执行由经验丰富的策划团队策划的方案。当然，整个策划是双方思想的产物，但意见产生分歧的时候，更有经验的人会占上风。

希　尔

那么，您不相信一个人上了年纪就应该被遗弃？

卡内基

这完全取决于他们自己。有些人因为自己的心态和习惯不佳，不得不被遗弃。我的政策一直是，在条件允许的情况下，人们到了不能胜任年轻人体力劳动的年龄时，就把他们安排在监督岗位上，这样他们的经验就能保留下来，对尚未获得同等经验的新人给予益处。

希　尔

我能否这么认为，您的这种关于老年人就业的政策并不是基于纯粹的慈善动机吗？

卡内基

现代产业无法仅靠慈善的动机运营！那些只招聘需要工作的人，或者出于友善动机经营商业的人，很快就会发现自己陷入经济困境。现代企业竞争是激烈的。想要成功，企业需要用理性管理，而非情感。人们或许应当是仁慈的，但他们不需要破坏自己的事业而从事慈善行为。

希　尔

那么您是否认为，找到某些方式方法来保存年长者经验所带来的益处，是一种明智的商业判断呢？

卡内基 ──────────────────────────

没错！没有经验指导，任何大企业都不可能经营成功。获得经验的代价高昂，而且需要时间。现代商业既不能等待人们积累经验所要付出的时间，也不能忍受由于缺乏经验而造成的损失。因此，一个成功的企业需要有经验的老员工指导和监督新手。只有这样，企业才能避免和包容新手的错误。

希　尔 ──────────────────────────

那么，您相信，在工业管理中，合理的建议可能和有力的身体行动一样有用吗？

卡内基 ──────────────────────────

两种都是必要的。明智的忠告能避免错误和代价高昂的失败。俗话说"一分预防胜过一磅的治疗"，这不仅是一句格言，也是良好的经营理念。它不仅适用于行业中的管理，对个人同样适用。如果人们花点时间，在行动之前正确地了解自己，他们遭受的失败就会少一些。判断草率、缺乏耐心和对事实漠不关心，是造成许多失败的根本原因。

每一个管理良好的行业都应该拥有一个由经验丰富的人组成的事实调查小组。我们的研究部门里就有这样的小组。他们不提供个人意见，也不表达情感。他们的工作仅仅是整理对钢铁生产与销售有关的重要事实。没有他们的协助，我们就不可能盈利。

我们还有另外一个小组，他们将事实汇总成工作计划。在这里，你可以找到充沛的情感、创造性的思维、热情、想象力，以及所有其他让事实变得生动活泼的必要品质。这个小组为我们的工厂呈现要做的工作。

我们还有一个团队，称为执行团队。他们将计划人员的计划转化为行动。他们的一举一动都是精心策划的。这节省了时间与精力，还排出了代价高昂的错误。

通过这 3 个小组的协作，我们让钢铁行业在盈利的基础上运作，从而保证了我们大家稳定的就业。我们能避免的错误与我们协调的努力程度是成正比的。如果每个人都能做好自己的工作，我们的错误就不会太多。出错的大都是由无法预料的事故组成。

希　　尔

那么是否有可能策划出一种一定会盈利的商业呢？

卡内基

哦，是的，当然有可能，但是商业记录常常显示，一般的商业并未能按照我所描述的方式进行科学的管理。在许多商业领域中，人类的情感扮演着太过重要的角色，并且缺乏计划，运营商业的人之间也不协作。或许让我提醒你一件事，这并不是什么坏主意，每个人的失败或许在很大程度上都能追溯到相同的根源。一个精心策划的人生是唯一一种能比获得平均的成功机会更好的生活选择。这就是为什么我如此想要给美国人民提供一种可靠的个人成功哲学。我希望每个人都能像成功人士一样用经济学的方式经营自己的个人生活，而且这是完全可以做到的！

希　尔

　　您的意思是，通过正确理解失败的主要原因和成功成就的原则，可以减少个人失败？

卡内基

　　是的，我指的是，对一个人来说，只要有正确对待失败的精神状态，失败本身可以转化为一种无价的资产。有些失败不可避免，但没有任何形式的失败，不能在自律的发展中转化为无价的利益。

　　一个人只有通过自律才能完全掌控自己的思想。失败是，或者可能是自律强有力的建筑者。它可以作为发展意志力的养料，用于管控自律。

希　尔

　　我明白您的意思。失败可以成为意志力之火的燃料，也可以是扑灭意志力之火的水，这取决于一个人对待失败的精神状态。

卡内基

　　你已经把问题说清楚了。如果你说，根据人们接受失败的精神态度的习惯，失败既可以是意志力之火的燃料，也可以是扑灭这火焰的水，这或许会更令人印象深刻。习惯是最重要的。你可能会说自律是一种培养和掌控思想与行为习惯的行为。

希　尔

　　我明白您的意思了。自律是锻炼意志力的工具，因为只有锻炼意志力，习惯才能自行形成，并加以控制？

卡内基

这就是我心里想的原则。我希望你能明白，自律是一种方法，一种用于达到目的的手段，在形成、控制思想与行为的过程中，它完全受意志力支配。可以简单地说，自律就是行动中的意志力。

希 尔

卡内基先生，由疾病或身体上的痛苦引起的暂时失败有时会让一个人获得更强大的精神力量，是不是这样的呢？

卡内基

我很早就发现是这样的，而且我一直相信，爱迪生对抗挫败的巨大能力，是源于他在失聪后保持自律所产生的精神力量。众所周知，丧失或者损伤任何一种身体知觉都会增强另一种或更多的知觉。这是自然的一种补偿方式。

当我们强化了用意志力控制任何身体疾病的能力时，我们也就因此让意志力获得了永久的力量。因此，大自然给我们提供了这种方式，让我们可以补偿自己的生理缺陷。但不管我们采取什么形式，只要运用意志力，就能增强意志力。行动是关键，而非激发行动的东西。

希 尔

如果我对您的理论理解正确的话，您是相信每个人都应该从事某种形式的身心活动，作为心智发展的一种手段。

卡内基 ───────────────────────────────

是的，这是事实。我的信念是基于我对那些在斗争中成长起来的人的观察，以及对那些由于经济独立而不再需要斗争的人的观察。必要的时候人会主动采取行动。

完全不运用头脑是危险的，因为我们的头脑与身体一样，只有使用它，才能保持强壮和警觉。

───────────────────────────────

无论我在生活中做什么，我都全身心投入做好。无论我做了什么，我都百分百投入。

——查尔斯·狄更斯

希　尔 ───────────────────────────────

您会觉得人们天生就倾向于走最少阻力的路，但如果没有养成对抗这种倾向的习惯，人们就会变得拖延吗？

卡内基 ───────────────────────────────

是的，人类所有的努力都是基于动机！有时这种动机是消极的，有时是积极的，但没有动机就不会努力。如今，人们主动唤起自己的动机对自身更有利，因为他们会把自己喜欢做的事情做得最好。

希　尔 ───────────────────────────────

那么您是否相信，那些以自我表达来抒发自我成就感的人，会比那些只以谋生为动机的人来说做得更好吗？

卡内基

毫无疑问是的。正因为如此，每个人都应该愿意做出巨大的牺牲，如果必要的话，就去追求自己最喜欢的事业。

编者按

史蒂夫·乔布斯，苹果公司的联合创始人和前首席执行官，是现代信息技术的创新者之一。在 20 世纪 70 年代和 20 世纪 80 年代，他致力于个人电脑的开发和信息技术产业的发展。1985 年，苹果公司的公司结构迫使他离职，乔布斯不得不追求其他兴趣。

但正如卡内基所说，没有什么能够阻止一个人接受失败的挑战，并付出更大的努力。乔布斯并没有沉溺于自己的不幸，而是从失败中吸取了教训，开创了一家名为 NeXT 的新公司。这家公司非常有价值，1997 年被苹果公司以 4.29 亿美元的价格以及 150 万股苹果股票收购。几个月后，乔布斯再次被任命为苹果公司的首席执行官。

乔布斯的归来一直持续到 2011 年去世。他于任期内在无数方面改变了世界。对自己广受赞誉的创造性成果，乔布斯说："伟大工作的唯一途径就是热爱自己的工作。如果你还没有找到，那就继续寻找。不要停下来。"

希　尔

那天赋呢？难道不是有些人天生只适合某些类型的工作吗？

卡内基

某种程度上，是这样的，但在这个问题上有许多错误的推论。根据我的经验，大多数人都擅长自己想做的事情。一个人对待工作的态度远比他们天生的品质重要，而且态度是他们可以控制的。

希　尔

有句老话："销售人员是天生的，不是培养出来的。"您同意这个说法吗，卡内基先生？

卡内基

毫无疑问，有些人拥有某些有助于销售的个性特征，例如灵活性、热情、敏锐的想象力、很强的个人主观能动性、自力更生和坚持不懈。但这些都是后天习得的。我认识一些人，他们非常胆小，在任何可能出席的场合都避免与生人接触。

然而，出于某种激励的动机，他们变成了能干的销售人员。

所以，我不同意你刚说的那句话，我想推翻这个陈旧的认知——出色的销售人员并非天生。任何人都能成为一名出色的销售人员，如果他们花时间去了解他们想要销售的产品或服务，并有强烈的销售愿望。大多数其他类型的工作同样适用这个原则。

希　尔 ───────────────────────────

那么，您会认为人生而平等吗？

卡内基 ───────────────────────────

当然不是！提出这个说法的人是想说，在美国，人生而平等的是**权利**，而不是说生理和心理上都是平等的，因为显然这不是事实。

出于同样的理由，很明显，不是所有人都能像其他人那样做好一种工作。例如，有些人因身体和精神遗传原因，无法掌握数学、语言或者其他学科。无论他们的动机是什么，或者他们喜欢什么样的工作，这些人在他们能胜任的工作类型上必然是有限的。

我曾经和一个年龄是我两倍的小伙子一起上学，但他只读到了五年级，因为他的智力只能发展到那个水平。这种人永远无法胜任任何需要头脑清晰的工作。

但我说，根据我的经验，大多数人擅长他们想做的事情，当然，我指的是那些智力正常的人。但也有一些天生智力有缺陷的人，没有任何实际的刺激能使他们这种情况发生转变，因此他们天生就受某些限制。

希　尔 ───────────────────────────

还有一种失败的形式，人们对此无能为力，而且它不能转化为一种资产，那就是因不良的教育而经受的失败，是这样的吗？

卡内基 ───────────────────────────

我只能同意你部分的说法，但不能完全赞同。那些智力有限或承受身体病痛的人，可以通过借鉴他人的教育、经验和天赋，并且通过践行智囊团原则来弥补这些缺陷。当然，并不是所有这样有障碍的人都有利用智囊团的意志力、主观能动性或远见，但对于所有人来说，这种利用智囊团的可能性仍然是存在的。你瞧，大自然提供了一种方式来补偿每一个人被剥夺的东西。

> **最好在失败之前对自己进行盘点，以避免失败；但为了避免重复失败，在失败后对自己进行复盘是绝对必要的。**
>
> ——安德鲁·卡内基

希　尔

那么，一般说来，您认为只有我们接受失败是永久的，并将其当成不再作为的借口时，失败才是有害的吗？

卡内基

我想不出在什么情况下，如果人们对失败持有正确的态度，失败不能被转化为一种财富。

在大多数人都能想到的失败借口中，爱迪生本来也能从中拿一个做自己的挡箭牌。他几乎没上过学，他的耳朵完全听不到声音了，没有钱，也没有有权势的朋友。他第一次尝试白炽灯实验，并在开始遭遇了十几次失败，如果那时候他放弃了这个想法，那么他后来只会做一些平常的事。

但事实上他并没有放弃，而是继续努力，历经了几千次短暂的失败——有人称其为失败，这表明爱迪生与其他数以千计有可能发明出新事物的人之间的主要区别，其他这些人的名字可能除了在所住的狭小社区出现之外，永远无人所知。这也代表了各行各业中成败之别——只在面对暂时失败的一念之间。人们称之为坚韧或灵活变通，但其根源在于意志力。

希　尔

可是如果理智告诉我们自己的努力是徒劳的，要继续工作不是很难吗？

卡内基

大多数人能非常便利地运用理智，但常常把理智当成**搞阴谋的同伙**，而非成就事业的助手。人们通过接受失败是永久的习惯训练了自己的理智，通过扼杀自身的意志力轻言放弃。我还没有见过一个人，他外在的敌人所造成的伤害，能比得上他因精神态度的习惯对自我造成伤害的一小部分。

不是世界上所有的敌人都能比得上我们出于种种原因而无法运用意志力去达成愿望的内心之敌。我们心中的敌人，才是足以打败任何一个人的敌人，不管这个人有多聪明或多有能力。

希　尔

卡内基先生，在我看来，您把成功的原因都归结于个人的努力，以至于没给那些失败者留下任何借口。

卡内基 ————————————————————————————

　　好吧，那会让大多数人陷入困境，但我想稍稍调整一下你的说法。在我们这样的国家，除了那些天生就有身体或智力缺陷的人，可以被原谅的失败已经没有多少了。几乎所有其他借口都应排除。

希　尔 ————————————————————————————

　　我听说过，一般人使用的潜能从来没有超过人自身所有潜能的 50%，您同意吗？

卡内基 ————————————————————————————

　　我同意，只是我觉得你估计的百分比太高了。我会说，一般人只利用了自身潜能的很小的一部分，即使有例外，也主要是那些通过提升自己成为领袖，并成为世人所指的一名"成功人士"。除了这部分极少数例外，大多数人或许从来没有动用过自己 50% 的潜能。

希　尔 ————————————————————————————

　　如果有人说"要是有时间的话，我这也能成，那也能成"呢？为什么成功的人似乎拥有所有付出巨大个人努力的必要时间，而不成功的人则抱怨没有时间呢？

卡内基 ————————————————————————————

　　现在你提到了我非常喜欢的话题之一。根据我的经验，成功人士并不比失败的人多一秒的时间，但区别在于：成功的人学会了如何预计并有效利用自己的时间，而失败的人则浪费自己的时间，不断解释自己的失败，并让失败再次发生。

除非人们根据一个明确的时间表来安排自己的任务与工作，否则他们几乎肯定会发现自己时间似乎不够。这看起来是有欺骗性的——也就是说，它欺骗的是使用这个借口的人，而不是他人。

当我听到人们说"我没有时间"，我就知道我在听一个不遵循有组织地付出努力原则的人在讲话。我从不允许自己处于一种状态，即不能每时每刻将自己手头做的事情转移到需要完成的事情上。如果去研究各个地方的成功人士，你会惊奇地发现，他们有那么多的时间完成自己选择做的事情。

智囊团原则是成功人士延长时间的方法。通过这个原则，他们将细节转移他人，从而为重大的努力腾出时间。如果有人跟我说，有个人没有时间去做促进自己利益的必要事情，那么我会告诉你那个人没有充分利用时间。

没有人是真正自由的，除非他们安排周全，有足够时间在任何自己选择的领域上采取主动。一个人缺乏统筹，只会成为自己头脑的囚人。

成功就是让你的努力、身体、心灵与灵魂百分百全情投入。

——约翰·伍登

希　尔 ————————————————————————————

卡内基先生，您让我对时间问题有了全新的看法，恐怕您打破了我自己的主要借口。我本来只是想知道，我要如何找时间采访 500 人或更多的人，因为我需要他们的合作来完成这个个人成功哲学，但您对时间的分析让我很为难。

卡内基 ————————————————————————————

是的，我觉得这件事确实会让你感到为难。好吧，如果一个作家能坐下来，在没有研究的前提下迅速写出个人成功哲学，那么这样的哲学早就写出来了。你有一个非常巨大的补偿优势，那就是要完成这项哲学的信息搜集工作，你需要付出巨大的时间。这也包含着一个事实：你几乎没有竞争对手。

我一直以为，适合大街上人们所需的个人成功哲学之所以从未面世，是因为要组织这个哲学需要付出不少于 20 年的持续努力，并就成千上万的人物进行分析，成功的人与失败的人，此外还有另外一个事实是，要着手进行这项研究并不能让从事者有所报酬。

希　尔 ————————————————————————————

我明白您的意思，我完全同意您的观点，尽管这些理由既让人充满希望，也足以让人感到沮丧。

卡内基 ————————————————————————————

我能想到无数令人心怀希望的理由，但想不到有什么理由能让人灰心丧气，因为你在从事着一项终生的事业，而且在其中不太可能遇到任何真正的竞争，因为这项工作要求付出巨大的毅力。另外，你未来的所获与你开始从事这项任务时所承担的风险是成正比的。

你确实是拿着一切在冒险，但同时你可以得到的回报，也是众人所盼，因为你承担了风险。

对你而言，暂时的失败是双倍的收益，因为你的部分责任就是要学会失败，并学会如何将其化为一种资产。这是你正从事的个人成功哲学的重点。我想我应该提醒你，你自身对失败的反应，比其他任何事情，都将更能决定着这份个人成功哲学的合理性与实用价值。

你只有在自己学会了如何利用失败之后，才能教会他人如何利用失败。记着这一点，当失败降临时，这个想法会支撑着你，它肯定会的。

希 尔

从您的话语中，我似乎感觉到，我必须首先学会优雅地接受失败！

卡内基

这是每个人应该从失败中学到的第一件事，但这并不意味着我们应该乖乖地接受失败。我们怀有一种坚定的战斗精神，接受失败，不允许它影响我们胜利的意志，但绝不能以恐惧或怨恨的心态来接受失败。

希 尔

那对于那些导致我们失败的敌人，我们应该采取什么样的态度呢？我们应该将其视作一种挑衅吗？我们应该奋起反击吗?

卡内基 ————

现在我想告诉你一些有关所谓敌人的事,如果你注意听我说的话,这些事有可能对你大有裨益。敌人指的是那些反对我们,有时甚至击败我们的人,他们也可以在许多不同的方面帮助我们。首先,他们能阻止我们在应该工作的时候睡觉。其次,他们会让我们更加严格地约束自己,以免我们因某些行为而受到公正的批评。

希　尔 ————

但是卡内基先生,有时候敌人非常凶猛,并且摧毁力十足,我们必须采用某种更极端的方式才能抵御他们的伤害。对于那些仅仅用一种运动员进攻的方式来对抗我们的人,或许被动抵抗就足够了,但对于那些决心将我们摧毁的人呢?比如刺客般的角色。那些制造流言的"艺术家"到处散布流言蜚语!难道被这种人攻击的时候,一个人只能笑而不应吗?

卡内基 ————

不是的,面对这种人的攻击,我们还能做一件事,只不过你可能会感到惊讶,这件事与敌人没有任何关系,但它确实和一个人的自我有关。

如果我们把大多数花在反击敌人上的时间用来提高自己,使敌人对我们说的任何话都不起作用,那么我们就可以因此获益良多。我觉得你并没有完全了解被动抵抗的力量,因为这种抵抗能够增强我们的性格、意志,以及全力反击敌人的力量。

简单地说，我的建议就是：要对付敌人，就要完全不对付他们！把对付他们作为提升自己的动力——让他们无法伤及你。要完全忽略掉敌人，除非他们能刺激你更充分地掌控自己的思想。

这样的话，你就可以给自己周围铺上一块"精神保护的毯子"，没有任何敌人能穿透！记住我所说的，因为总有一天你会从自己的经验中检验这个说法的可靠性。

抓着愤怒的情绪不愿放手，就好比让一个你厌恶至极的混蛋免费租住在你脑子里。

——安·兰德斯

希　尔

卡内基先生，这太难做到了。我从小在美国的一个小地方长大，在我们那里男生首先要学会用武力自卫。在我看来，一个人如果不能通过武力保护自己，就会变得软弱，会被那些践踏自己权利的人打败。

卡内基

是的，我知道你的意思，我也认识很多在你家乡长大的人。事实上，我有一名员工是你的邻居，他是我们一项重要工程的操作人员。许多年前，他第一次来我们这里工作，他脑子里全是通过武力自卫的想法，甚至出门的时候口袋里总是装着手枪。

但他后来再也不带枪了，因为几年前，他差点因为带手枪而失去自由，如果我没救他的话，可能他就再也没有自由了。当时他和人对峙，打算用手枪进行自卫，但当时他如果能用头脑来控制自己会更明智。我劝他把手枪给我，并告诉他，如果他再也不带枪了，我能教他一种更好的解决争端的办法。这就是他职业生涯的转折点，后来他成为我们公司的重要人物之一。

你看，这个人曾经想用肌肉力量解决事情，但明明能靠头脑更轻易地解决。他学会了控制自己的头脑，而他战胜自己后，接连战胜了许多其他事情。现在他几乎没有什么敌人了，但当他再遇到敌人的时候，他会用自己的头脑而非蛮力解决，结果他现在挣得更多了，用头脑解决事情时他每年有 12000 美元收入（相当于今天 30 万美元），而当年用手枪自卫的他每天才挣 3 美元。

当他知道能用自己的头脑去做手枪做不了的事情的时候，难道你不觉得他意识到这种转变很宝贵吗？

希　尔

是的，当然很宝贵！但是在生活中不是有很多情况只能用武力才能完成吗?

卡内基

或许这仅发生在那些没有学会某种更强大力量的人的生活中，但我无法从个人经历中分享这种情况，因为我从来没有诉诸武力来解决与任何人的任何误解。

希 尔

好吧，您告诉我的是一件对我来说全新的事。现在，我想听听您刚提到的"精神保护的毯子"，您说过它能保护我自己，那它是什么呢？怎么利用它？

卡内基

你在问我那是什么的时候，问题提得太多了。但我可以告诉你**如何**利用它。你要通过自律完全控制自己的头脑，从而使用这个"毯子"。你会发现，当你这么做的时候，你能够用语言和精神状态来解决以前倾向用武力解决的误解。

希 尔

哦，我明白您的意思了！当我们对自己的头脑有了这种控制的时候，我们就可以对自己的敌人采取消极的态度，他们就会意识到我们优越的精神力量，并开始尊重它？

卡内基

现在你明白了！在我的事业生涯中，我曾经和许多愤怒的人交谈，他们有一些真实的或假想的不满，并打算用武力解决，但至今为止我还没有接受任何一个人的这种武力挑战，尽管他们想这么做。

如果我真的身处决斗，我宁愿选择自己的武器，一直以来我也是这么做的。在旧时，人们总是用手枪来解决个人分歧，但我在这样的战斗中根本没有机会，因为我对手枪一无所知。但我确实知道一些有关头脑的力量。因此，在别人向我提出挑战的时候，我总是设法将争论转移到我自己选择的地方，运用我熟知的防御武器。

一般来说，只知道身体力量的人对于懂得头脑力量的人来说并不是同水平的对手，并且在与后者搏斗的时候，会被打败。

希　尔

但是卡内基先生，如果一个强壮的强盗拦路拿枪指着精神力量强大的人的肋骨，让他掏出钱，那后者的力量是无法与前者相抗衡的，是吗？

卡内基

你的这个问题让我想起许多年前我们一家工厂发生的一件事。一天下午，工人们正排着队领取工资信时，有名男子走到窗口，用一把大手枪对准了发工资的人，要求他交出工资信，出纳员没有服从，而是端坐不动，直直看着持枪人。

其中一名警卫看到情况后，没有试图拔出手枪，而是慢慢地向枪手走去。两个人都没说话，但枪手转身过去，把枪对准了警卫。警卫没有犹豫，而是坚定地走向持枪歹徒，几乎就要碰上枪口了，然后出乎所有人的意料，持枪人放下枪，说："求求你别开枪，我投降。"然后，他双手高举空中。

你看，这个人怕被枪毙。不是怕被枪打，因为他什么都看不见，但他怕的是某种能和手枪关联起来的东西，他只觉着那东西比手枪威力更为强大，那就是警卫的勇气。警卫如此直白地表明自己并不惧怕手枪。我告诉过你，所有依靠头脑力量的人都会在自己周围裹着一层"精神保护的毯子"，没人能说清在什么样的情况下，这个"毯子"会或不会成为一种能驾驭身体力量的存在。

希　尔

卡内基先生，您是否会觉得这名警卫莽撞呢？

卡内基

莽撞？为什么呢，我并不觉得他大意了。相反，他的判断非常明晰，因为常识告诉他，如果自己和一个拿枪指着自己的武装劫持者打起来，自己是没有机会赢的，除非他能用一种对方不熟悉的方式来应对。

你想，一个手无寸铁的人毫不犹豫地径直走向枪口，一句话也不说，也不打算掏出自己的手枪，这种心理战足以让劫持者惊慌失措，魂飞魄散。

希　尔

那么，是强盗被吓怕了，而不是"精神保护的毯子"救了警卫？

卡内基

就这点而言，你和我都无法确定事实真相，因为精神力量是默默作用着的。这是一种无形的力量。至于它是如何运作，或者为什么会运作，无人得知。在这种情况下，我们只知道一个没有枪的人战胜了拿枪直指自己的人。我们只能猜测他们两人彼时头脑中发生了什么。或许连他们也无法给予我们真正的答案。

事后警卫告诉我他一点儿也不害怕，直到他伸手拿起抢劫犯扔下的手枪。然后，他说他才意识到自己做了一件非常愚蠢的事情。"但是，"他说，"我的心里有某个东西在告诉我，如果我拔出手枪，就会有人被杀死。"这是我有生以来了解到的为什么警卫选择了勇气而非武力靠近抢劫犯的情况了。

希　尔

那么，您认为人们可以通过控制自己来发展精神力量吗？

卡内基

不仅是精神力量，还有头脑与身体的力量。那些能控制自己的人不再是恐惧的受害者，也不再遭受情感的操控，而是将情感力量转化为一切有利于实现自己愿望的力量。失败不再使他们困扰，因为他们再次努力，不断增强意志力，将失败转化为胜利。

感受恐惧，从容面对。

——苏珊·杰弗斯

希　尔

人们在获得这种力量后，会不会存在一种危险，他们因无法掌控某种形式的失败，而失去了这种力量呢？

卡内基

那些掌控了自己思想，并学会将其用于应对任何自己无法掌控的各种失败的人，不太可能会发生这种事情。但就算是他们遇到了这种事，最后他们至少也能控制自己的反应，而不丧尽勇气。你想，人们挣脱自我局限，就能与自己的精神自我建立联结，让自己对大多数失败形成免疫。

希　尔

您是说，由于无法控制的原因而产生的巨大悲痛，不能摧毁那些已经能控制自己的精神的人吗？

卡内基

是的。掌握了自己的人知道如何对所有形式的悲伤关上大门，这是他们学到的第一件事。

希　尔

卡内基先生，您介绍给我的是一种奇怪的力量。所以，如果我的提问看起来浅显，请您见谅。

卡内基

人们控制自己的能力对于大多数人来说是陌生的。如果不是这样，世界上就不会有那么多的人能温顺地接受失败而不去抗争了。在我们这样的国家里，也就不会有贫困这样的现实，因为在我们国家里，人们需要的或可以使用的资源很丰富。

希　尔

那么，您相信，每个正常人都有足够的心智能力来解决他们所有的问题，满足自身所有的需求。您是这么认为的吗？

卡内基

我就是这么想的，而且我已经证明了它是切实合理的。现在，我的问题是要找到一种方法来唤醒美国人民，让他们充分意识到存在一种他们拥有却未尽其用的力量。这就是个人成功哲学的重担所在。每个人都能在学会并使用这套哲学后，仅付出最小的努力，就能获取自己所需要的任何一切。但是，请记住，这套哲学并非在许诺不劳而获，因为没有什么东西是不需要付出就能获得的。

希　尔

那么，您是相信，爱默生写的那篇《补偿》文章不仅是一部文学杰作？

卡内基

是的，远不止一部文学著作！爱默生描述了一个与我们主题直接相关的伟大且普遍的法则。通过践行这个法则，一切都与另外某物享有等价的价值。如果这个法则不起作用，我们就不可能有办法将失败转化为资产。

但就算有补偿法则，如果一个人不付出努力，失败也不可能转化成一种资产。好处在于我们能通过调节对失败的反应来利用失败，而我们为之所付出的努力就是其所需要的代价。因此，很显然，失败并不意味着一无所有。

希 尔

当然，您的意思是，如果我们在被击败时不采取行动，就会失去失败经验所能带来的好处？

卡内基

这就是我想说的，而且大多数人就是这么丢掉了失败的好处。他们只是以消极的态度接受失败，往往让失败削弱而非增强自己的意志力。一个人无法经受因容忍失败而带来的后果，因为这会演变成一种摧毁性的力量，每一次失败的经验都会拽着人往后退，让人越来越无法控制自己的头脑。

希 尔

那么这么说对不对呢？失败是某种资产或负债，是福亦是祸，这取决于人们如何应对失败？

卡内基

是的，失败经历并没有"中间地带"，它总是在推动或者阻碍着，但它从不会产生中立的影响。

希 尔

换言之，失败过后，我们要么前进，要么后退？

卡内基 ————————————————————————

精辟！幸运的是，我们能自主地选择前进抑或后退。有一种未知的自然法则，能使一个人，无论是什么原因造成的每种思想、每个反应和每个身体动作，都得到增强。如果我们大部分的想法和行为都是消极的，那么你就会发现我们的性格会发生改变。

希　尔 ————————————————————————

您是说，我们永远不会产生某种不与自身性格对应的想法？

卡内基 ————————————————————————

是的，我就是这个意思！因此，你会发现，为什么如果我们要塑造自己的性格，就必须要建立起控制头脑的习惯。如果我们不约束它，它就会反过来塑造我们，这就是我所说的补偿法则。我们构建的每一块砖石都会影响着我们的头脑，哪怕是一丁点儿。

希　尔 ————————————————————————

那么，如果我们每天都往上面添加想法的话，我们的头脑每天都会不一样？

卡内基 ————————————————————————

你也可以说我们的性格在这两分钟里都是不一样的。我们每一次释放出来的想法，都会让头脑变得更强大或弱小，这取决于这些想法的性质。

希　尔

那么，时间是根据我们利用它的方式成为人类的资产或负债？

卡内基

是这样的。每个拥有理解力的人，都通过他养成的思维习惯，在其生命每分每秒中积累了资产或负债。如果我们通过适当的、有建设性的行动来表达更重要的思想，来控制我们的头脑，那么时间就会成为我们的朋友。如果我们忽视了用这种方式来锻炼头脑，那么时间就会成为我们的敌人。

我们通过这些结论中看出，这是无法避免的。

希　尔

您的力量让我好奇，它似乎无法完全解释，为什么很少能有人在 40 岁之前就取得广泛意义上的成功。

卡内基

这是一个合乎逻辑的结论。在我们取得任何成功之前，我们必须有"成功的意识"。那么，我说这个是什么意思呢？我指的是，我们通过清除头脑中所有失败的想法，并不断用成功的想法来刺激头脑，从而获得成功的意识。通过这种方式，我们向自己推销成功的理念，并学会相信自己有能力获得成功，那么我们的信念自会带领我们获得成功的机会。

每一个想法都会成为我们性格的一部分。因此，在适当的时候，我们要清除所有自我强加的限制，然后我们就会发现自己在成功的高速公路上畅通无阻。

希　尔

但我们也可以用同样的方式向自己兜售贫穷或失败的概念？

卡内基

我们的头脑会对投射其中的支配性思想起作用，并通过每一种自然的、合乎逻辑的方法执行思想做出的结论。它可以带我们走向失败，但也可以带我们走向成功，无论成败，它的行动同样迅速、明确。

我们头脑的潜意识，在我们的主导思想成为思维习惯后，会将其付诸实践，而不管这种思想是积极的还是消极的。个人虽然无法控制潜意识的行动，但我们可以掌控自己的主导思想，通过这种方式，我们就能利用潜意识的好处。

你想成为什么样的人，就真的会成为那样的人。

——李小龙

希　尔

但有些人质疑潜意识真的存在。有确凿的证据证明它的存在吗？

卡内基 ————————————————————————————

　　有些人质疑无限智慧的存在。当我们限制自己的思想时，恐惧、怀疑和优柔寡断这些思想成为我们性格中固定的一部分后，我们会很自然地对许多事情提出质疑，而如果我们有能力相信无限智慧，我们则有可能从中受益。

　　证明潜意识存在的证据与证明电存在的证据一样多。现在，我不会试图去证实电是什么，或者它的能量来源是什么，但我将继续用电，无论它在哪里为我服务，我也会对自己的潜意识说同样的话。

　　我不清楚潜意识处在头脑的哪一个区域，或者其运行的原因，但我知道它确切的运行方式，正如我之前描述的那样，而且我也会继续这样运用潜意识，把自己的计划和愿望转化成现实物质的等价物，就如我过往一直所做的那样。

　　只有一种办法能让人们相信潜意识的存在，那就是通过实验，通过践行我在个人成功哲学中所提到的所有提示。

　　头脑中潜意识区域所释放的能量是无形的，它既不孤立存在，但又无人能解释。不过事实依旧如此，潜意识是**所有人**所能获得的巨大力量源泉。那些因怀疑或冷漠而忽视利用潜意识这一能量的人是永远不会取得更为广泛意义上的成功的。

希　尔 ————————————————————————————

　　我非常赞同您所说的有关不信任者的惩罚，但是，卡内基先生，我们现在在准备的这门个人成功哲学就是要帮助这些不相信无形力量的人。我们希望帮助那些从未充分告知自己思想可能性的人们，我问的问题尽可能多地从不同角度出发，并不是我不相信，只是想确保我们不忽略任何能够引导人们去理解如何利用自己思想力量的机会。

人们很难相信他们不理解的东西。因此，我一直故意引用您的许多有关潜意识的说法，以期您的字眼中或许能透露出一些想法，或者能激发学习这门哲学的学生，获得您对这份惊人的能量来源的信念。

卡内基

当然。我明白你为什么重复提问，而且这也是合理的。我同意人们很难相信他们不理解的东西，这就是我为什么建议每一个学习这门哲学的学生都要遵循我的建议，从而获得对潜意识力量的信仰，就像我通过个人经验获得的这份信仰一样——通过个人经验去获得！通过个人经验获得的信念更有可能成为永久的信念。

希　尔

如果我没理解错的话，相信和不相信都是一种倾向，是由一个人的思维习惯形成的？

卡内基

是这样的。愤世嫉俗者很难相信任何缺乏最令人信服的证据的东西，他们通常要求有形的证据。当然，愤世嫉俗者永远不会成为帝国的缔造者、工业领袖，或者在任何领域取得杰出成就。因为愤世嫉俗只是封闭思想的另一种称呼。这些人把思想的大门紧锁，却把钥匙丢掉了。

当然，犬儒主义并非天生的。它是消极思想不断累积而成的，每一种思想都在人的性格上累积，直到最后，这个人的相信能力受到破坏。

希　尔 ————————————————————————————

　　愤世嫉俗者如何才能从自我设限中解脱出来？

卡内基 ————————————————————————————

　　通常是一些灾难摧毁愤世嫉俗者在自己周身构建起来的消极思想之墙。经历一段时间的疾病，或者失去某种高度珍视的东西，有时能让愤世嫉俗者更好地理解无形事物的力量。

希　尔 ————————————————————————————

　　那么，您相信悲伤会带来有益的影响？

卡内基 ————————————————————————————

　　是的，有些人似乎从未发现过自己思想的无形力量，除非通过一些个人经验，深入挖掘他们的情感、打破他们已建立的思想习惯。

> **不到没有退路之时，**
> **你永远不会知道自己有多强大。**
>
> ——鲍勃·马利

希　尔 ————————————————————————————

　　您提到了一个自然法则，我们能通过这个法则让自己的思维习惯得以永驻。那么有没有可能大自然也提供了一种方法，来打破这个法则的消极影响呢？

卡内基

　　毫无疑问，是有这种方法的。为了使每个人都能享受到补偿法则的好处，这是必要的。或许补偿法则本身提供了一种从自我获得的束缚中脱离出来的方法。但尽管如此，毫无疑问，通常从失败、挫折与失意中产生的巨大悲伤也能让人们恢复信念，从而获得新生，并向人们揭示通过信念可以获得祝福的可能性。

编者按

　　补偿定律显示，在生活中，我们的付出会得到补偿，无论是积极的还是消极的。许多人之所以忽视这个伟大的自然法则，是因为他们错误地将其优点与短期功效联系在一起；如果他们认识到这个法则，但却没有立即得到他们想要的结果，他们就会将其抛弃。然而，他们忘了时间越长，我们越会回归到平均值。这是任何普遍规律都适用的。随着时间的推移，我们会得到我们应得的，但往往不是我们想要的。

　　或许你听过一句话，"赌场永远是赢家"，世人用这句话作为劝阻人们浪费钱赌博的正当理由。炫目的灯光、奢华的喷泉与设备都是赌客们的累计亏损来支付的，然后这些元素又被用来吸引其他人前来赌桌。赌徒们试图欺骗补偿法则，但往往是在无意识的情况下进行的。但我们能确定一点，那就是赌场是制造赔率的专家，他们知道你可能会侥幸获得暂时的胜利，但他们会让你在里面待尽可能长的时间，因为时间越长，赌场拿走你钱的可能性越大。

我们也可以在信用卡的消费中看到，复利对那些不合理规划自己钱财的人起作用。如果储蓄账户上没有现成的钱，许多人就会求助于信用账户上现成的钱。可是等到银行对账单到账后，他们就会收到以高额利息支付的"补偿"。

然而，精明的投资者会将这种力量用于实现财务自由。每个月他们都会拿出固定比例的工资，且这部分工资会随着自身技能与所得收益不断发展而相应地增加，以打造出一个会增值的多元质量资产组合。他们这么做会让这个组合持续不断保持增长，而这会为他们的自律提供巨大的回报。

同样的法则，但结果却截然不同。爱因斯坦曾说过，复利是世界第八大奇迹。那些理解并使用它的人将最终获得巨大的财富；那些不理解它的人会付出巨大的代价。这个说法呼应了补偿法则。你可以在短时间内愚弄它，但时间一长，这个法则总是获胜，在你生活的全方面中胜出。我们释放的每一个想法，或者我们沉溺于其中的每一个行为，都会成为我们性格的一部分，并且这些想法与行为的本质让我们变得更强或更弱。

希　尔

当然！您的理论显然是合理的。而且它让我对失败、伤悲和那些令人心碎的经历有了全新的认识。有时候，这些经历仅仅是人们认识"另一个自己"的唯一途径。

卡内基

现在你明白我想表达的意思了。当失败、疾病或灾难降临时，任何人都不应该变得愤世嫉俗，因为在他们最艰难的时刻，他们有可能会发现自己最强大的力量。这是许多被世人称为伟大人物的人的经历。也许这是所有这样的人的经历。

失败与身体上的痛苦是两大益处。它们警告我们有些东西需要纠正过来。如果我们以质疑的态度、正确的精神状态来回应这些警告，我们通常就会发现什么是需要我们注意的。

最后，我想提醒你，记住你从这一课中学到的知识付诸行动的重要性。不要仅仅满足于知道道理！相反，你要通过自己的思维习惯来积极运用这些知识。只有充分地利用它，它才能永远属于你。

分析失败：将失败转为资产

拿破仑·希尔

或许其他个人成功哲学不能像这个一般，给人以如此多的希望。我们有确凿的证据表明：每一次逆境中都孕育着对等的馈赠的种子。

这句话是明确的，不包含什么"如果""但是"或"也许"。

此外，这句话是一个经住了各种质疑的人说出来的，他认为没有一种人类经验是损失的，失败也能带来巨大的收益。而且失败往往是暂时的，并能转化成同等的成功。

以当今世界的面貌来看，这一观点的出现适逢有大量加以运用的机会。在过去的 10 年里，数以百万计的人在经济上失败了，他们需要一种切实可行的方法东山再起；还有数百万人因在第二次世界大战中失去了自由而遭受失败。在全世界范围内，人们有必要更好地了解如何把失败转化为实际的挽回损失的方法。

> **失败和痛苦是大自然发出警告的两种方式，它们告诉每个生物有些事情不对劲，应当引起注意了。**
>
> ——安德鲁·卡内基

我无意改进卡内基对从失败中学习个人成功哲学的分析，但我将提供我认为的有力证据来支撑他关于这个主题的论点。

在整个个人成功哲学的体系中，我找不到比这一课所呈现的更能令人感到鼓舞的愿景了。在这里，我们能够保证，人们学会的最实用的知识是关于失败的经验，我们曾将其视为绊脚石，但实际上它是有可能转化成让我们迈向追求目标的垫脚石。

用一个简单的比喻，我们可以这么说，这种从失败中学习的哲学使我们能够对生活说："如果你用任何不愉快的经历给我一个酸溜溜的柠檬，我就要把它变成柠檬汁，而不是让它酸到我。"

把失败看作一种共同的语言，在这种语言中，大自然与所有人在交谈，并将他们带进谦逊的精神中，使他们能够获得智慧和理解，这想法令人鼓舞。当人们以这种态度接受失败和挫折时，这些曾被视作负面的事件就会成为无价的资产，因为它们几乎总是会让人发现自己现在拥有的潜在力量。

前不久，我有幸与一名在 1929 年美国大萧条中损失了大量财富的人交谈。他很慷慨地列举了他从财富损失中获得的好处。

下面是他的故事，用他自己的话来说：

经历了这次物质财富的损失，我发现了一笔巨大的无形财富，无法仅用物质来估计。大萧条使我经历了最大的失败，也使我获得了最崇高的胜利。因为它让我懂得了一种人生哲学，这种哲学可以使我从未来所有的失败中摆脱痛苦。

大萧条夺去了我的财产，但它告诉我，绝对的个人独立只是一个理论；每个人都在以这样或那样的方式相互依存。它教会我：

· 为自己不能控制的事情担忧是徒劳的。

· 恐惧是一种心理状态，通常没有无法治愈的原因。

· 任何能迫使或激励一个人目标明确地发挥自己发挥主观能动性

的事情都是有益的。

- 金钱、房产、政府债券和一般的物质都会因公众的恐惧和消极态度而变得一文不值。
- 一个人头脑中的主导思想是一个人身体外形的对等之物，不管这些思想是积极的还是消极的。
- 在自然法则领域里，或者在人际关系里，都没有不劳而获的可能。
- 有一条补偿法则，会迟早给予人类以补偿。
- 有一件绝对比被迫工作更糟糕的事情，那就是被迫不工作！
- 对于有形财产或法律上占有财产，我们既不能保证其永久性，也不能保证其价值。
- 遵循黄金法则的企业比不遵循这一法则的企业更容易在大萧条中存活下来。
- 盛宴后即饥荒，正如黑夜紧随白天。
- 一套衣服可以穿超过一个季节，汽车也无须每年都换新。
- 恐惧能像传染病一样通过大众的思想和言论传播。
- 提供有用的服务，比通过补贴不求回报地索取让我们更感幸福，也让我们更有利可图。
- 短暂的失败不应视作永久的失败。
- 成功与失败都源于一个人头脑中的主导思想。
- 物质富足但精神匮乏，与其说是福，不如说是祸。
- 一个人最大的幸福可能存在于最大的悲伤之中。
- 在这些巨大的悖论中隐藏着真理：逆境能带来祝福，孤独能带来陪伴，沉默能带来声音。
- 有钱却不谦逊是危险的。
- 在逆境中，有一个人你可以依靠，并且不会让你失望，那就是你自己。

- 日升日落，潮起潮退，四季规则变化，星辰有轨，经济大萧条来临时，大自然与平日一样继续保持运转。没有什么会因大萧条而转变，除了人们的思想！
- 当人们不再倾听别人的声音时，他们就得对失败做出回应。
- 所有的人在精神和行为上都变得相似时，就会被一场共同的灾难所压倒。
- 声称拥有巨额财富会吸引许多缺乏真心实意的人；失去金钱则会暴露那些自称是朋友但实则不然的人。

用一句话来说，大萧条向我揭示了"另一个我"，一个我一直忽视的积极的我，这个我不接受这样的说法：失败就是永远的，人们无法通过更多的努力将失败化作挑战。

编者按

这是多么令人难以置信的故事。我最喜欢卡内基、希尔和希尔认识的朋友的一点在于，正如这个故事中所展现的那样，他们虽然是在 75 年前写下的这些话，却依旧能从根本上解决今日的问题。

这位男士经历了过山车般的人生，包含了一个主题，我们可以看到，在几十年后，当 2007 年经济危机再度发生，次贷危机导致房地产市场和股市的崩溃，带来前所未有的全球动荡时，它被写出来，其所包含的教导意义是很显然的。

然而，这并非完全是厄运或是低迷。一些精明的投资者认识到，市场是由两个因素驱动的：恐惧和贪婪。正是这些因素把账面损失变成了实际损失，给一些人带来毁灭，也给另一些人带来了机会。其他公司抢购那些领先的公司，其中许多都是家喻户晓的，尽管经历了短期且非常公开的动荡，这些公司依然拥有巨大的增长前景。

传奇投资家沃伦·巴菲特这样做了几十年。每次经济下滑、衰退或爆发金融危机的时候，巴菲特都不会绝望地举起双手投降，也不会蜷缩在办公桌底下，随着时间的推移，他总能获得巨大的回报。谈到这种策略，他曾说过："要在他人贪婪的时候谨慎，在别人恐惧的时候贪婪。"

可以肯定地说，巴菲特一直在承受着一些重大的损失，但从这些损失中获得的经验使他能够采取重大的行动，为自己带来重大的回报。虽然我们可能会在短期内经历重大损失，但我们的经验如果得到正确的引导，会让我们有能力赚得比过去多得多的钱。

与之相反，那些关注由媒体发布的世界末日新闻而产生恐惧的人会发现，他们的行为和随后的财务状况与巴菲特等经验丰富的投资者相反。这些媒体直接从他们制造的歇斯底里中获益。

对于那些采用这名男士所描述的心态去面对失败的人来说，他们不可能永远都在失败。尽管这些人的物质损失很大，这些财富总和可能超过了普通人一生所拥有的财富。然而因为他们损失了这些金钱，所以他们找到了一些比世界上所有金钱都要重要得多的东西。他们会发现自己的头脑能够挣得比他们失去的更多的钱。我猜想他们还有比这个更重要的发现，其中一个就是：那些只在金钱上富有的人，在能带来幸福的东西上却很贫乏。

这些人能从损失金钱中受益，是因为他们将其作为对自己精神的考验。通过这个考验，他们发现每个人的头脑中都藏有一种力量，能够应对人类的每一个紧急情况。现在，他们与自己、商业伙伴或他们服务的公众关系变得更好了。

然而，他们的生意伙伴却在大萧条中采取了截然不同的看法。这些人认为这个损失是无法挽回的，就放弃了战斗，并以跳楼的方式了结。我们进一步研究他们的处境会发现，他们在日常生活中已经习惯屈服于失败。因此，当他们遇到需要更坚强的品格才能应对的重大紧急情况时，就陷入了困境。

正如卡内基所说的那样，是我们的日常思维习惯给予我们一层坚固的"精神保护的毯子"，同样地，也会让我们经受住失败的消极力量所造成的影响。

那么，导致失败的消极思维习惯是什么呢？它们包括：

- 接受贫困是不可避免的。
- 忽视外部物质与内部环境对内在的思想没有影响，除非一个人允许它们影响自己的想法。
- 希望得到某个东西，或者仅仅是轻微地希冀，而不是坚定决心通过明确的目标去获取。
- 容忍恐惧与自卑。
- 在开始做事之前，由于缺乏明确的主要目标而导致拖延。
- 制订了计划却不去实施。
- 让情绪完全支配意志力。
- 与那些逆来顺受、接受永久失败的人打交道。
- 阅读负面新闻报道，并接受它们对个人状态的暗示。
- 没有一个自己能控制得好的习惯。
- 允许他人代替自己思考。

- 除了生存必需品外，不再有其他追求。
- 不劳而获。
- 将暂时的失败当作永久的失败。
- 无论何时何地，在需要发挥个人主观能动性时，采用了阻力最小的方式。
- 担心环境的影响，而不是寻找造成这种状况的原因并消除它。
- 想着一些不切实际的计划和无法拥有的东西，而不是寻找那些可行的计划，把注意力集中在可能获得的东西上。
- 只看到所有事情糟糕的一面，就如同只看到甜甜圈上的洞少了一块，而不是甜甜圈本身。
- 生活中只谈论失败、挫败和消极的一面。
- 只想到贫困，而没有成功的意识。
- 抱怨缺乏机会，而非拥抱手中的机会，或者以更好的方式去创造机会。
- 到处寻找失败的原因，而不是看看镜子中的自己。
- 嫉妒那些成功的人，而不是从他们身上学习。
- 过快做出判断，而不是了解事实。
- 乱发脾气，而非驾驭脾气，让它发挥作用。

现在，这些都是一些人的日常习惯，由于自己的这种习惯，他们谴责自己，让自己失败。这些都是让头脑准备好接受永久失败的习惯。这些习惯会让潜意识以"倒档"的方式工作，最后带来失败而不是成功。这些习惯会破坏人的意志，让人容易受到各种失败的影响。

有人说，"当你真正为某件事做好准备的时候，它就会出现"。我们所提及的习惯就证明了这句话的准确性。因为它们让人做好了失败的准备，而失败恰恰就出现了。

不要因为结束而哭泣，要为它曾经发生过而微笑。

——佚名

当你听说有人"接触的东西都能变成金子"，意思是他们做什么事都能成功，你可以肯定他们一定是运用了成功的意识调整了自己的思想，为这种好运做好了准备。

安德鲁·卡内基创建美国钢铁公司并不是因为自我设限，也不是通过我们上面所列举的习惯所获得的。他在早年就掌控了自己的思想，决定了自己想要什么，并下定决心要去实现它，从而创造了这家公司。

虽然创建公司的过程并非一帆风顺，但他利用自己应对失败的反应，并利用自己在本章中推荐的方式让自己受益。

亨利·福特成为福特工业帝国领袖并非偶然，他也不是通过优越的教育、有影响力的后盾或金钱获得自身地位的。他是通过调整自己的思想，用自律来获得这一切的，就是这样，他通过自身的期待与欲望，建立了自己的帝国。这个想法完全出于自我，他靠一个想法创立了一个帝国，尽管在创建过程中经历了这样或那样的失败。

每当我们在面对失败的时候保持积极的心态，拒绝用消极的反应去面对它，我们就会获得更大的精神力量。最终，这个习惯会成为我们力量的基础。

我们能够思考和谈论所有的事，直到它们变成现实。这是真的，正如卡内基所言，所有的思想都有可能在身上披上一件与自己对等的外衣。这就是从失败中学习这门课的关键所在：一个人对失败的信念，决定了失败的经验会成为资产抑或负债。

乔治·华盛顿赢得美国独立战争并不是因为武器精良，士兵训练有素，或是士兵数量占优势。在所有这些方面上，他都寡不敌众。但他有一个过人之处，即他拒绝接受存在失败的可能性。乔治·华盛顿相信自己会赢，并将这种信念传递给了他的士兵。这些士兵们都接受了这种信念。正是这种信念，而不是因为别的原因，使他们赢得了美国独立战争。重要的是，用同样的态度对待个人失败，可以把失败转化为财富。

任何一个群体的成员在一个共同的事业中互相捆绑，并通过智囊团原则展现他们联合起来的力量时，他们只能被一个更为强大的、运用同样原则的群体所打败。即使这个智囊团只有两个人，他们也能够通过这个联盟获得足够的力量，以各种方式使他们免于失败。但是，联盟必须建立在不把失败视作永久失败的决心之上。

曾经有个人告诉过我，有一种独特的系统可以把失败转化为实际可用的资产。这种系统是如此简单，以至于所有人都能采用，以下是步骤：

- 完整记录自己曾经历的每一次失败，不管这些失败多么无关紧要。
- 即使在记录的时候，可能发现这些失败是因自己的疏忽而造成的，也要如实记录。
- 每个月回顾你的日记。站在每一次失败的记录旁边，写下你期待从中获得的收获。

第一次告诉我这种系统方法的人多年来都在采用这个方法。自从他这么做之后，他所经历的每一次暂时的失败，都能及时给他带来同等甚至更大的回报。他解释道，他曾经历过一次很严重的打击，如果他没遇到这次打击，他的生意就会破产，遭到巨大的经济损失。

现在，这是一名对失败免疫的人。他学会了如何用一种积极的方式应对失败，而且他承认自己的这种系统运作得很好，他的失败随着年龄的增长变得越来越少。当然，这是因为他拥有了成功的意识，也因为有这样的意识，他遇见了许多可能造成失败的原因，并避免其发生。

他的方法还有另外一个巨大的优势——提供确凿的证据证明"逆境孕育着对等的馈赠"。这个人不需要听任何人对这句话的解释，他自己的经验就证明了这一点。这是连愤世嫉俗者都无法反驳的铁证。

这个人还想出了另一套让自己有意识获得成功的方法，我强烈推荐给你。试着采取以下步骤来运用这个系统：

- 找一个大纸板，写下（或打印）所有在第 174~175 页列出的导致失败的主要原因。
- 在每个原因旁边加上 31 个正方形，代表这个月的 31 天。
- 然后，每天都通过自己失败的原因打分来校准你的表现。要做到这一点，只需要在格子里画上（×）或（√）就行了，表示你忽视或者精通那一项。

然后，这个男子将这张图表与之前提到的日记进行了比较。每个月月底，这两种系统都会告诉他，他还没有完全掌握失败的原因。当然，这个计划的目的是通过在他心里保持对失败原因的警惕，使他自己建立起成功的意识。

他的系统非常有意思，家里的每个成员都非常细心地监督他，以确保他给自己准确打分。他承认，有一次他的一个年幼的孩子严厉地责备他没有正确地记录一次失败的经历。这个人不仅在调整自己的思想，让自己树立成功的意识，还在用这个系统造福他家庭中的每一个成员。

我们都需要一个实际的系统来盘点自己。如果诚实地列出清单，就能展示自己的主要弱点，揭示被我们忽视的隐藏力量。这样的系统应当成为一种日常的自我复盘。

编者按

在通往成功的路上，有机会坦诚地自我反思是至关重要的。你会发现，你还有机会明确地说出除了日常目标之外的主要目标。明确我们想要达到的结果，能让我们将努力用于最重要的领域。毕竟，如果我们连胜利是什么样子都不知道，我们是不可能赢得成功的。

另一个重要部分是要分配你的时间、精力和结果。这种反省能让你重点发现自己的行动力成效，同时提供一个框架，让你在接下来的一周内取得成功。

你不需要在这上面花费好几个小时，只需要几分钟的自律，就能对那些下定决心的人报以丰厚的奖励。它将释放你的想象力，修复你的专注力，产生超高效率，并协助你在各方面取得平衡，并让你意识到在你的生活中什么是最重要的。专注于对自己生活的把握，意味着你每天都非常有效率，并在你生活中的幸福和各种关系上有惊人的改善。

无数的首席执行官、企业家和运动员都讨论过内省和明确目标的好处。现在该你了！

这个男子作为美国伟大的寿险销售人员之一，有一套完全不同的保险制度来确保自己不会失败。在他发现这个系统并投入使用之前，这个人平均每年销售价值 25 万美元的保险。现在他是百万美元俱乐部（Million Dollar Club）的成员，该俱乐部的成员都是寿险销售人员。要想留在俱乐部，他们每年必须出售至少价值 100 万美元的保险。这个人已经连续 9 年成为会员，现在的销售量是过去同期的十倍多。

他的系统包括：选择一个明确的主要目标，把它写出来，贴在镜子上（每天早上刮胡子的时候，他都能看到），然后时常大声朗读，将其牢记在心。现在他每天重复 3 遍，每次饭后都会朗读 1 遍。具体内容如下：

人寿保险的主要目标

（1）我生活的主要目标是每年至少投保 100 万美元的人寿保险。

（2）为了实现我的目标，我将列出 100 名达标的潜在买家名单，并随时带在身边，而且每当拿下一单的时候，我就要在表上新增加一名潜在买家。

（3）即使我不得不工作到深夜，我也会在每个工作日至少打 10 个电话。

（4）无论我是否能达成一笔生意，我都会让每次见面有所回报，我会诱导潜在买家每次见面的时候把我介绍给他们的朋友，至少增添一个新的潜在买家。

（5）我将不代表自己的公司，而是以我的潜在买家个人代表的身份与他们接触，我的工作就是要为他们及其收益人提供咨询与保护。

（6）和潜在买家见面的时候，我认为对方拒绝购买并不是最终的决定，只是在推迟做决定，我也会这么明确告知对方。只要他们表示还没做出决定，我就会一直在他们身边，就算我要待上整夜。

（7）每个购买了我的保险的人都会被列入我的"礼貌合作"名单，我会定期（至少每个月1次）联系他们，这样我或许可以通过他们的影响，把保险卖给他们的朋友。

（8）我将永远谨记别人说"不"的时候其实是在说"好"，并在此基础上与我的潜在客户洽谈。

（9）我不会接受失败，因为在我的体系里，一切面谈都能转化为一次销售——如果我和面谈客户签不下单，那我就销售给他们的朋友们。

（10）我相信自己的体系，因为它的设计可以实现多方共赢，而且正因为我相信它，所以我会尽我所能在实践中运用它。

（签名）＿＿＿＿＿＿＿＿＿＿＿＿＿＿＿＿

如果你仔细阅读这个承诺，你就会发现它不允许失败这样的现实。证明这种做法可靠的最好证据，就是经营这家公司的人让销售额增长了1000%以上，但他并没有付出比以往更多的努力。但他更明智，更有决心，他遵循了有组织地付出努力这个原则。

在他所有有组织地付出努力中，最重要的是他积极上进的态度。他期望自己能比当下卖出更多的保险，而且他也为此制订了计划，并以一种无畏失败的精神去执行计划。

> **事实上，没有失败，除了内心的失败；**
> **除非你内心被打败了，否则你一定会赢。**

—— 亨利·奥斯汀

超过 6000 名人寿保险销售人员在接受职业训练的时候就采用这种哲学，据我所知，所有人都提升了自己的销售能力，无一例外，尽管我提到的这个人在销售增长能力上是一个特例。

销售人员在培训一开始要接受全面的性格分析，在此期间，他们的精神资产和负债都会被清楚地列于清单上。他们要逐个清点这门课中所描述的导致失败的主要原因。起初，暴露他们的弱点遭到了很多人的强烈抗议，而且他们的抵触是真实的。他们一直在自我欺骗，就像大部分欺骗自己的人一样，把那些阻碍他们赢得更大销售成就的个性和性格特征当作优点。

我想强调坦诚真实地分析自我是很重要的，要将本章所列举出的导致失败的主要原因作为衡量标尺，逐点排查。这种仔细的自我分析是非常重要的，这样你就可以了解自己在哪些方面可能已经养成了不好的习惯。

还有另外一个导致失败的根本原因，这也是很多人都犯的错误。让我用住在山区里兄弟俩的经历来解释吧。

这兄弟俩一个 18 岁，另一个只有 12 岁。父亲送给他们每人一支崭新的温彻斯特步枪。他们非常兴奋，拿去打猎，想寻找农场附近树林里见过的熊。过了一段时间，他们遇到了一头熊，但他们却开始争论谁先看到的熊，谁先开枪。最后他们达成一致，承认他们可能是同一时间看到了熊，所以只有同时瞄准射击才算公平。

兄弟俩射中了那头熊，猎物跌倒在草丛中。兄弟俩跑着要去认领他们射中的猎物，哥哥先到了，他往下一看，发现那头熊还在草丛里乱踢着。弟弟很警觉，唯恐自己射杀的大熊的荣誉被夺走，所以他一直朝着哥哥大声呼喊："喂，兄弟！我们一块杀死了一头熊，对吧？"

哥哥转过身来，一脸嫌弃，朝自己弟弟回喊道："不是'我们'一起杀死熊，是你自己一个人射中了老爸的牛崽！"

这就是人性的一个特征，当事情进展顺利的时候，几乎每个人都倾向于索取荣誉，而当出错的时候，大多数人都会很自然地推卸责任。

只要有机会站稳脚跟，这种性格就会剥夺一个人成为领导的所有可能性。正如卡内基所言："一旦发现敌人的踪迹，就几乎可以打败敌人。"每个人都有自己潜在的性格、习惯和个性弱点，但只有识别出来后才能去控制它们。

卡内基列出了 45 个主要"敌人"清单。名列首位的是：没有明确目标、随波逐流的习惯。如果你缺乏目标，那么这就应该是你分析自我时发现的头号敌人。除非你控制了这个敌人，否则你最好不要担心其他敌人，因为这是解决其他敌人的关键。通过对超过 2.5 万名不同背景的人的分析，可以清楚地发现，98% 的人失败是因为他们缺乏一个固定的、明确的生活目标。这是一个多么令人震惊的事实！它之所以令人感到震惊，也是因为不过是没有明确的生活目标，但这又是任何人都可以轻松纠正过来的。

明确主要目标在个人成功原则中占据首位，因为这个目标会引导人们养成与自身各种次要目标相关的习惯。在这一点上仔细分析你自己是非常明智的做法。因为，随波逐流和缺乏明确目标的习惯，让你在日常生活中重要的事情上养成了一大堆目标不明确的坏习惯。好的习惯和坏的习惯彼此牵连——它们从不单独存在。

研究一下第 115~118 页列出的 45 个导致失败的主要原因，观察一下，有了明确的主要目标之后应该如何消除以下这些障碍：

（5） 缺乏自律，通常表现为在饮食、酒精和性方面上的行为过度。

（7） 缺乏超越平庸的雄心壮志。

（10）对于着手的事情不能坚持到底。

（11）在生活中习惯采取消极态度。

（14）优柔寡断和不确定。

（15）具有 7 种基本恐惧中的任何一种或几种：贫穷、批评、健康状况差、失去爱、衰老、失去自由和死亡。

（21）无法专注投入，浪费时间与精力。

（23）无法适当分配和运用时间。

（24）无法可控的热忱。

（25）不宽容——封闭的思想，包括政治和经济方面的无知与偏见。

（31）养成不依据已知事实形成观点与制订计划的不良习惯。

（32）缺乏远见和想象力。

（33）未能在必要的情况下，与有经验、教育水平高和天生能力强的人结成智囊团联盟。

（38）养成拖延的习惯，通常是基于懒惰，但更是因为缺乏明确的主要目标。

（41）缺乏个人主观能动性，主要是因为缺乏主要的目标。

（42）缺乏自立精神，也主要因为缺乏建立在明确的主要目标上的强烈动机。

（44）缺乏迷人的性格。

（45）养成不能自愿地锤炼自己的意志力和控制思想的习惯。

在这 45 个主要的失败原因之中，当一个人采取并开始执行一个明确的主要目标的时候，其中 18 个就像变魔术一样消失了。更好的是，这 18 个原因是整个列表中最重要的——因为它们是最为常见的失败原因。

而这些"敌人"都能通过一个举动将其打败！

每当你跌倒、再爬起，就能学会智慧。
智慧源自失败，而不仅是成功。

——安德鲁·卡内基

因此，如果你在规划着我们在前文中所讨论的成功意识图表的话，我建议你用红色笔记下这 18 个失败的主要原因，以便你在开始朝着明确的主要目标前进时，可以密切关注它们。让它们成为你的危险信号吧，因为它们本身就是危险的信号。不要期待它们会自动消失，相反，你应该积极地与养成与它们相反的习惯。

控制住这 18 个敌人之后，你就会发现清单上的其他敌人会自动消失，因为每个形成的习惯都会激发其他相关的习惯。失败的主要原因是生活中缺乏明确的目标，养成随波逐流的习惯。改掉这个习惯，你就会发现，要掌握我们提到的相关习惯并不困难。

生活里包含了各种各样的问题。没有人能够足够强大、聪明或者智慧到可以一举解决所有问题。所以，这些问题必须一个一个去解决。明智的做法是先从大的问题开始控制，因为大问题控制小问题。

例如，一个人遇到一帮流氓，他不应该马上跟他们打起来。如果他足够聪明，他就会挑出那帮流氓的头头，先对付他。如果领头的被打败了，那么其他人就会失去勇气，打起来也会很差劲。与之类似，我们可以通过打败这 18 个导致失败的主要原因的"头领"——没有明确的生活目标，随波逐流的习惯，从而打败它们。

正如卡内基所言，在这 45 个导致失败的主要原因中，第一个和最后一个控制了其他所有的原因。因此，你要把注意力首先放在这两件事上，培养坚强的意志力，把它放在明确的主要目标后面。从你现在所处之地开始，将这个目标付诸行动。

光想和动嘴皮子是不够的，你要**行动**，一直保持行动，直到你实现目标。你的力量来源于行动，它将会：

- 让你自力更生。
- 让你饱含热忱。
- 让你尽情想象。
- 引导你发挥个人主观能动性。
- 消除自我设限。
- 让你坚持不懈。
- 让你在所有事情上都有明确的目标。
- 让你意志力强大。

拥有了这些品质，你就可以毫不费力地将失败转化为建设性的力量，将其作为一种挑战，从而付出更大的努力。

悼念

阿尔弗雷德·丁尼生勋爵

我握住真理，
随着他音调各异对着
一张清澈的竖琴吟唱，
人们可以在死亡本身的垫脚石上
升腾而成更高级的东西。

我建议你从"多走1公里"习惯开始行动！你可以直接践行这个习惯。从和你的家人一起，并延续到你手头的工作上。

虽然你的工作规则有可能限制你的工作时间，但实际上它并没有，也不能限制你的工作质量。一旦你从做得比你期望的更多或者更好的工作中获得自我满足，你会发现这个习惯能赢得你提供服务的人的好感，你就再也扔不掉这个习惯了。

因此，要践行让你最受益的行为，培养最重要的4个习惯，形成这些习惯并有规律地严格遵守：

（1）要有明确目标的习惯。
（2）"多走1公里"的习惯。
（3）依靠自身意志力前进的习惯。
（4）接受失败作为付出更大努力动机的习惯。

这4个习惯是所有希望避免失败的人所必须具备的。单凭这些习惯还不足以获得最大的好处，但足以让人获益。

在本章中，有两个名词出现频率最高："行动"和"习惯"。所有的成功都基于行为习惯！失败通过行为习惯转化为资产。正如卡内基生动地指出，知识本身并无使用价值，只有通过恰当的行为表现出来才能发挥作用。一个行走的百科全书式的人仍然会饿死。另外，一个人或许知识有限，但通过这种知识的习惯性表达，他们就能获得他们所需要的一切物质。

编者按

我最喜欢希尔的一句名言是"行动是智慧的真正标准"，而且这一点能够通过一致性法则得到强化。然而不幸的是，许多人在听到《思考致富》这本一直以来最为畅销的自助类书籍的书名后，误以为这本书讲的是人们仅仅利用思想就能获得丰硕的回报。然而希尔几乎在每一章、每一页都强调了有目的的行动的重要性，这也是卡内基在这本书中反复强调的。仅仅依靠思想是不足以将思想带入伟大领域的。

正如我们所读到的那样，我们要么接受奖励，要么受到惩罚，这取决于我们的行为习惯，所以让我们以内容创作者为例，想一想，这在实际上是如何运作的。现如今，智能手机已为很多人提供了一个机会，向世界分享他们的声音，并将热忱"货币化"；这意味着任何一个有智能手机的人都能成为内容创造者，只要他愿意。尽管一开始他们都对这个新爱好感到很兴奋，但大多数有抱负的内容创造者还是：

· 因为不相信自己足够好，所以一开始就没有发布内容。
· 花费大量精力把自己与那些已经走了很远路的人进行比较，通常这是通过一些虚荣的指标来实现的，比如油管

（Youtube）订阅者数量、照片墙（Instagram）粉丝和脸书
（Facebook）点赞数。

当这些人进入三四十岁的时候，尽管他们可能有很崇高的
抱负，或者也付出了许多努力，但他们为自己的努力所能展示
的实际成果很少（如果有的话）。

相比之下，那些具备成长型思维的人在采用希尔和卡内基
盛誉的经验教训时意识到所有他们尊崇的企业家都是从基层开
始的。为了拥有偶像那样的影响力和收获，他们需要随着时间
不断重复自己有目的的行为。正如齐格·齐格勒所言："你不
必生而伟大，但要开始变得伟大。"

大多数人都从事着大量的体力活动，但他们这种活动最大的弱点
是，它们并不是**有计划的**行动。它们不是为了达到明确的目的而开展
的活动。它让人消耗体力，却没有得到理想的结果。

一般人由于缺乏有计划性的行动而浪费了时间，如果能够合理
安排时间，明确目标，那么所得到的物质成功就会远比一个人所需
的更多。

失败与挫折的潜在益处

那些忽视分析自己生活环境并彻底从其中原因到结果思考的人容
易忽视失败与挫折的潜在好处。结果，他们失去了获利的机会，因为
"每一个逆境都孕育着对等的馈赠"。

为了帮助你，让我们一起来考虑一下那些被称为失败和挫折的经
验所具备的潜在好处吧。

- 失败可以打破一个人已经形成的一些消极习惯，从而释放出一个人的能量，从而以此形成其他更为可取的习惯。例如，身体上的疾病是一种自然的方式，打破身体已经形成的习惯，让它形成更好的习惯，这样更有利于身体健康。许多人在调整身体健康的过程中，发现了自己思想的力量。因此，疾病是一种福气。

- 失败能让内心的谦卑取代傲慢和虚荣，从而为更好的人际关系铺平道路。

- 失败可能会使一个人养成盘点自己的习惯（未经历失败的人也应该这么做，但大多数人都不这么做），以便发现导致失败的弱点。

- 如果一个人接受失败是一种挑战，要求自己付出更大的努力，而不是将其视作一种放弃的信号，那么失败可能会激发出更强的意志。这也许就是各种形式失败所能带来的最大好处，因为是否获得"同等的馈赠的种子"完全取决于一个人对失败的态度或反应。人常常无法控制失败的外部影响，例如涉及物质损失或伤害他人与自己的事情，但是可以控制自己对这些经历的反应。

- 失败可能会打破与他人的不良关系，从而为形成更有益的关系铺平道路。事实上，这种经年累月黏着的关系是有害的，且这是一种基于惯性在维系着的关系，往往只能通过某种形式的失败才能摆脱。

- 失败可能会通过失去心爱之人、爱情关系破裂或者深厚友谊破坏等经历，将人带入痛苦的深渊。这些经历迫使着我们在思想中寻找慰藉，而在追寻中，我们有时会找到一扇门，那扇门通向巨大的隐藏力量，如果没有失败，这种隐藏的力量将永不会发现。

我们清单最后提到的那种失败，通常是为了将我们的注意力从物质上转到精神上。因此，我们可以很好地假设，人类拥有深度悲伤的能力是有明确目的的。

人们常说，只有最深切的痛苦才能造就伟大的艺术家，当然，这种说法的原因在于，这种悲伤能带来内心的谦卑，并让一个人向内探寻某种创造力来抚平内心因悲痛留下的创伤。当人们寻得这股力量的时候，就会发现悲伤转化成形式各样的创造力，而非舔着心中的伤痕。这股力量能以一种谦卑之情，让人抵达创造力的高峰，而只有这种精神才能使一个人变得真正伟大！

没有谦卑之心的成功往往是暂时且不令人满意的。这一点在很多例子中都得到了证明，在这些例子中，人们没有经历过困难、奋斗和失败就突然成功了，但往往转瞬即逝。

生活中没有什么可怕的东西，只有需要理解的东西。

——居里夫人

那些能够熬过重大感情挫折的人，不允许被感情侵蚀的人，如果他们把自己的悲伤和失望转化为一种创造性行为，那么他们就能在选择发挥创造的领域里成为大师。正是通过这种方式，世界涌现了许多伟大的音乐家、诗人、艺术家、技术发明家和文学天才。许多历史证据表明，在所有这些领域中，最受敬仰的人都是通过某种悲剧获得伟大成就的，这种悲剧使他们获得了潜在的精神力量。

然而，我们并不需要求助于过去来证明，失败可能会成为一种巨大价值的资产。看看那些在你所希望成功的领域里的人，看看他们的过往，你就会相信，他们已经形成了接受失败并将其转化为更强大、更有计划性行动的习惯。如果你仔细分析所有这些事实，你会发现，无论在哪个领域，人们对成功与对失败反应的控制程度成正比。

那些失败了却依旧继续奋斗的人通常会发现一种富有创造的洞察力，使他们能够将失败转变为持久的成功。沃尔特·马龙在《机遇》一诗中明确地表达了这一思想：

机遇
沃尔特·马龙

当我一度敲门而发现你不在家时，
有人说我会一去不回，
但是他们错了；
因为我每天都会站在你家门口，
等待你醒来，并伴你去战斗、去胜利。
而不是让宝贵的机会白白流失！
不要为黄金时代的消逝而哭泣！
每天夜里我都将白天的记录烧毁——
每次日出时分，便是每个灵魂重生之时！
……
笑吧，像个小男孩一样欣赏着已逝的辉煌，
沉湎过往的欢愉只会双眼蒙蔽、双耳失聪、麻木呆滞；
我要判定消亡的已经密封在消亡里，
但永远不会束缚即将来临的时刻。

这首诗激发了人们内心的希望、勇气以及在被失败打击后再次尝试的意志力。此外，它与那些在失败的"翅膀"上获得名望、权力和财富的人的经历完美地协调一致。沃尔特·马龙清晰地看到了这种潜在的力量，在"每次日出时分，便是每个灵魂重生之时"一句中表达出来。

卡内基曾如此形象地描述：每一个逆境都孕育着对等甚至更丰硕的馈赠。这句话清晰地表明了要从失败中获益，一个人必须做一些事情，他必须从"孕育着对等的馈赠的种子"中发现其本质，并通过有组织地付出努力使其发芽生长。

卡内基并没有说逆境带来的是盛开着对等馈赠的花朵，而只是种子。大自然安排了失败的法则，因此要从中受益的人必须付出努力，发现并培育这颗蕴藏着好处的种子。这一点，与自然界任何一点无异，不存在不劳而获。

如果你认识到本章所传达的思想的全部含义只能通过冥想和思考获得，那么仅仅是这一章就可以看作你认识"另一个自我"的转折点，这个自我会意识到一个事实，那就是失败不过是激发你采取更多、更坚定行动的经历而已。

第 三 章

运用黄金法则：
对待别人就如你
希望别人如何
对待你一样

没有什么能比健全的
人格更有价值了，
它要求人们必须通过
思想和行动建立起来。
人格具有明确且实用的
价值。

——安德鲁·卡内基

践行黄金法则

本章从安德鲁·卡内基主导的个人研究开始。

卡内基

现在我们谈到黄金法则的应用——几乎每个人都声称自己相信这个原则，但我怀疑，很少有人真正去践行，因为很少有人理解这个原则背后的深层心理学含义。太多人把这条黄金法则理解成要在对待他们的时候，在对方为自己付出之前先付出得更多，而非将自己与他人一视同仁。

当然，这种对黄金法则的误解只能带来负面的影响！

并不是说一个人践行了黄金法则，就能获得实实在在的好处，而是他通过践行这一原则，强化了良心、平和了思想以及健全了品质，而这些因素能让他获得生命中努力追求的东西，包括恒久的友谊、财富和幸福。

要想最大限度地利用黄金法则，就必须将其与"多走1公里"这一原则结合起来，这才是真正践行黄金法则的部分。黄金法则帮助我们拥有正确的心态，而"多走1公里"原则为前者赋予行动的特征。若将二者结合，那么一个人就会充满魅力，促使其与他人友好协作，并获得个人积累的机会。

希　尔 ————————————————————————

我想从您所说的来看，仅仅采取黄金法则并没有多大好处？

卡内基 ————————————————————————

非常有限！消极地相信这个原则只会一事无成。只有**践行**这个原则才能带来好处，而且好处多多，非常丰富，几乎涵盖了我们所有的人际关系。这个原则将：

- 打开人的心灵，使人们通过信念接受无限智慧的指引。
- 帮人们坚守良心，建立更和谐的人际关系，做到问心无愧。
- 培养人们在危机时刻也能维持健全的人格。
- 培养更迷人的性格。
- 帮助人们在所有人际交往中寻求友善的合作。
- 避免他人不友好的敌意。
- 从自我设限中解放出来，内心平和且自由。
- 让人对更具破坏性形式的恐惧免疫，因为问心无愧，所以不再惧怕任何人事。
- 帮助人们吸引有利于推销自我的职业机会。
- 消除不劳而获的欲望。
- 让人们的付出变得有价值，并从中感受到一股无可比拟的喜悦感。
- 让人们因诚信与公平而赢得声誉，这也是一切自信的基础。
- 打击诽谤，谴责偷窃。
- 无论一个人在哪里与何人接触，都能以身作则，成为行善的力量。

- 克制所有贪婪、嫉妒和报复这些低级本能，为更高级的爱与友谊的本能插上翱翔的翅膀。
- 让人意识到，要接受每个人都是，而且也理应是彼此的"兄弟守护人"这个事实，并从中心生愉悦。
- 建立更深层次的个人精神家园。

这些不仅是我的想法，而是不言自明的真理，每一个日常按照黄金法则生活的人都知道它的正确性。

希 尔

从您的分析中可以明显看出，黄金法则是人类所有高贵品质的基础，践行这一原则能让人对一切破坏性力量免疫。

卡内基

你的说明很好。黄金法则确实让人对许多令人苦恼的缺陷免疫，但这种免疫是被动的；与此同时，它还提供了主动的能量，让我们能获得生命之所想，无论是内心的平和、灵性的通透抑或生活基本的物质需求。

希 尔

有一些人声称自己很想按照黄金法则生活，但发现行不通，因为他们担心被那些不践行这个原则的人利用。您在这一点上有什么经验吗？

卡内基 ──────────────────────────────

当人们说自己无法在不受他人伤害的情况下遵循黄金法则的时候，其实他们已经暴露自己并没有真正理解这一原则——这个误解很常见。如果你仔细研究我列举的好处，你就会发现黄金法则所带来的益处是任何人都不能剥夺的。

我认为，这种对黄金法则的普遍误解都来源于一个观念，即认为在践行原则的人之中，只有最终受益的人才能获得好处，而且这些好处的来源各不相同。此外，误解起源于人们相信黄金法则只能带来物质上的好处！

通过践行黄金法则带来的最大益处，是那些践行原则的人能够将自己内心和谐统一，从而发展出健全的人格。没有什么能比得上健全的人格更有价值了，它要求人们必须通过思想和行动建立起来。人格具有明确且实用的价值。

性格是你做出的选择。
日复一日，你的抉择、思想与行为都将成为你。

——赫拉克利特

希　尔 ──────────────────────────────

可是，卡内基先生，是不是有些人确实利用了那些遵守黄金法则的人，并将这种习惯视作一种可以利用的弱点而非获得奖赏的美德？

卡内基 ————————————————————————————

是的，有些人会这么做，但是这么看待黄金法则的人数量极少，微不足道。因此，根据平均法则，你会发现把这部分忽略不计，是值得的。此外，补偿法则也参与其中，根据某种奇怪的自然计划，即便有 1 个人鼠目寸光，用这种方式看待黄金法则，其造成的伤害也会被其余 99 个用善意的方式看待法则的人所抵消。爱默生曾在他的文章《补偿》中对此做了非常清楚的描述。

希　尔 ————————————————————————————

但是很少人熟悉爱默生的文章或补偿法则。而对于大多数**熟悉**的人而言那不过是一个道德家的说教，在现代生活的实际事务中并没有真正的价值。那么，您是否就补偿法则在现代商业意义上所具备的实用性谈谈您的看法，比如您所经历过的事情？

卡内基 ————————————————————————————

我在商业以及所有其他关系中的整个经历，都迫使我相信补偿法则的合理性。这是一条永恒的真理，无论一个人多么聪慧或如何极力避免，都无法摆脱它。

我们或许能在短时间内不受补偿法则的影响，但纵观生命全程，补偿法则总会把我们引至自己所处的那个位置。我们的思想和行为决定了我们自己所占据的空间，以及我们在与他人关系中可能产生的影响力。也许我们能暂时逃避自己对他人的责任，但我们无法永远逃避因回避责任所带来的后果。

编者按

　　这是成功最重要的原则之一：我们可以自由地做出自己喜欢的选择，但我们不能免于这些选择的**后果**。这个原则适用于我们想实现的任何目标。例如：

- 理财目标：一些高收入（或者财务自由）的朋友建议你和他们一起去欧洲度假。因为不想错过，所以尽管你意识到自己储蓄账户里没有足够的钱，你还是用信用卡定了机票，并把所有费用都花在旅游上。由于过高的利率，一次度假就减少了你的收入，降低了信用评分。随着时间的推移，你会发现这大大阻碍了你买车、拥有自己的房子和带家人度假。

- 健身目标：离你公司不远的地方就有一家快餐店。尽管你和朋友们说，你想在今年年底之前完成半程马拉松，但是高热量的食物和含糖饮料的诱惑实在太大了，所以工作日里你每天都在放纵自己。有了碳水化合物的刺激，你开始变得懒散，无法锻炼，最终跑完半程马拉松的目标成了遥远的记忆。多年后，你就会意识到，当你决定把快餐作为你主要的营养来源的时候，自己的幸福和钱包受到的冲击最大，因为你拼命试图恢复身体健康和支付不断上涨的医疗费用。

- 商业目标：一天你在办公室里发现一些同事在闲聊。因为他们谈论的人不在场，你会很自在地加入他们的玩笑，并将其视作融入同事圈子的机会。不久之后，你就会发现那些一直在说闲话的人开始责怪你，因为那些不讨喜的谣言如野火般蔓延，传到了你经理的耳朵里。你今年的大目标是要升职，这也是你一直以来在努力的目标，可是你的经理会解释说，你已经难以再获得职场中的信任，甚至工作不保。

我们生活的方向取决于我们每天在面临成千上万个岔路时所做出的选择，所以请做出明智的选择。

希　尔 ————————————————————

那么，运用黄金法则难道不是一种权宜之计吗？因为很明显，践行黄金法则能立即带来回报，而拒绝运用黄金法则则意味着暂时的劣势。

卡内基 ————————————————————

为了充分利用这一原则，人们必须将其作为一种习惯——运用于一切人际关系之中，没有例外！许多人都在运用这个原则的时候犯了这个错误。

希　尔 ————————————————————

这是一个非常明确的结论，没有给践行黄金法则的人以任何余地。所以说，我们要么完整地将这条路走到底，要么就要经受自己忽略所带来的后果？

卡内基 ————————————————————

正是如此！我要提醒你，我们都面临着一种情况，即很想忽视黄金法则，并将其作为一种权宜之计运用。然而，屈服于诱惑是致命的。别人也许不知道这种屈服的选择，但我们的良心会知道。

如果良心被压制，它就会软弱无力，无法到达它所指引的目的地。

我们永远不能故意欺骗他人，更重要的是，我们在任何情况下，都承受不起欺骗自我良心的后果，因为这么做只会削弱我们的指导来源。企图欺骗自我的人是不明智的，犹如自吞毒药。

人际关系就是一切。宇宙中的一切之所以存在，是因为它与其他万物相连。没有任何事物是孤立存在的。

——玛格丽特·惠特利

希　尔

卡内基先生，显然您相信，一个人能够在这个物质主义时代里，在一切人际关系中通过运用黄金法则而获益？

卡内基

我不会这么说。但我会更明确地说，那些遵循黄金法则的人，提醒你，是那些依据原则生活的人，一定能在自己能力范围内取得成功，无论这种能力是什么。运用这个原则，结果自然就会到来，而且常常在不经意间到来。

希　尔 ————————————————————————

　　这个说法非常明确，卡内基先生。您的个人成就证明了在当今这个物质时代，践行黄金法则是能让人受益的。当然，我是在假定，您一直都在践行黄金法则，但我还是想听您亲自谈一谈这一点。

卡内基 ————————————————————————

　　真正糟糕的老师，是说一套做一套的人。在我来美国之前，我很小的时候就从母亲那里第一次产生对黄金法则的理解。而我真正认识到其可靠性，是来源于尽自己最大的能力去运用和理解原则的经验。

希　尔 ————————————————————————

　　您在践行黄金法则的时候是否遭受过暂时的损失？

卡内基 ————————————————————————

　　当然，还不少呢！但我很高兴听你说"暂时的"损失，因为说实话，总体来说，我不能说自己因为践行了黄金法则就从未损失过任何东西。虽然偶尔我在践行这一法则时，并没有立马获得回馈，但更多的时候，我得到的回报极为丰厚。

　　让我举个例子说明这一点吧。

　　在我刚开始从事钢铁行业的时候，钢铁的价格是每吨130美元左右。这个价格看起来很高，所以我开始寻找降低价格的方式方法。一开始，我降低了价格，然后是生产成本，尽管我的竞争者们都埋怨我的做法对他们不公。很快，由于降价而增加的业务，反过来让我能够进一步降低价格。很快我就发现，降价意味着产量提升，而产量提升意味着更低的单位成本，从而使得降价成为可能。

我一直坚持着这个政策，直到最终我们把钢铁价格降到每吨20美元左右。与此同时，钢铁价格下降催生了许多新的钢铁利用方式，一段时间后，我的竞争对手们发现，我迫使他们降价反而能使他们受益。正是这样，这一商业策略让公众受益了，让钢铁工厂里的工人受益了，让钢铁制造商受益了，尽管在一开始它意味着钢铁制造商要承担一定的损失。

如今，钢铁用于生产各式各样的产品，而在此前的价格下，这些产品都无法生存。总体来说，我从来没有因为降价而损失过什么。我暂时的损失会被永久的收益抵消。我认为这份经验展现了黄金法则是如何运作的。这个原则，也许，常常也确实如此，会造成暂时的损失，但随着时间的推移，收益会慢慢超过损失。

希 尔

您是说黄金法则与健全的商业经济相协调，是这个意思吗？

卡内基

就是这个意思，而且如果你想知道这是如何实现的，你可以关注亨利·福特，并观察他的生意状况。他采取了一项政策，让公众用汽车销售以来的最低价格购买可靠的汽车，还在车中增添精美的物料和工艺。因此，无论他有多少竞争对手，公众都会光顾他，这就是他的回报。福特所获的成功超出了现在大多数批评他的人的预期。

这就是一个预言，但如果你仔细观察它，你自己就能确信这是一个可靠的预言。亨利·福特很有可能会主导汽车行业，而且他肯定会这么做的，除非有其他富有远见的制造商进入这个领域并以他为榜样。

编者按

显然，这个预言得到证明是正确的！亨利·福特建立的公司基底牢固，在他去世 70 多年后的 2020 年，福特汽车公司雇用了超过 20 万名员工，每年生产超过 600 万辆汽车，并且依旧是世界上最大的汽车公司之一。自成立以来，亨利·福特已经生产了超过 3.5 亿辆汽车。

亨利·福特曾说过："我最好的朋友是激发出我身上最好的东西的人。"在卡内基刚刚概述的背景下，也许这位汽车巨头指的不仅是智囊团精神，还是竞争对手的外在动机。

希　尔

对于某些职业来说，难道遵循黄金法则不是不现实的吗？比如说律师，他们的职业要求他们起诉一些很难运用这一原则的案件。

卡内基

在这个问题上，我可以与你讲述，因为我有大量与各色律师打交道的经验。我只提一名律师，他的专业做法及其结果应该能回答你的问题。

这名律师除非坚信聘请自己的是正确的一方，否则他不会受理案件。也就是说，他不会接受任何没有法律依据的案件，而且我几乎不用告诉你，他拒绝的潜在客户比他服务的客户要多得多，但我也必须告诉你，他一直都很忙，而且他的收入，从我对他的了解来看，大约是一般律师收入的 10 倍。除了他为我提供的其他服务外，我每年都付给这位律师一笔可观的咨询酬金。

我的很多朋友都这么做。我们聘用他是因为我们信任他，而我们的信任主要基于他不会为了赚钱而误导客户，也不会接受对任何人都不公平和不公正的案件。

希　尔

我明白您的意思。只要律师们愿意放弃处理那些毫无价值的案件，他们就能按照黄金法则生活，并获得成功。但对于另一种案件——那些不公正案件的当事人来说呢？似乎这种情况比另一种更为常见。

卡内基

每个行业、生意和职业中，总有不正当的赚钱手段，也确实有人愿意通过这种不正当的方式挣钱，但他们总是被危险包围，收入迟早会减少，或者自身招致罪恶，就算并无损失，至少获得的也是不匹配的收益。

诚然，有许多法律案件是没有价值的，其中一些人是彻头彻尾的企图通过欺骗、诈骗而不劳而获。选择这么做的律师当然可以接受这样的案件，但我坚持初见，即这类案件所带来的坏处超过律师获得的好处。

在法律行业里通过不正当手段获得的金钱，或许看起来和其他钱财无异，但这种钱会有一种怪异的影响，人们肯定都不愿意背负这种影响。不知怎的，它总会以某种方式迅速消失，并且没能提供更大的价值，比如说钱被盗贼偷走。你听说过拦路强盗或小偷是成功的吗？我知道他们之中许多人携带巨款而逃，而大多数人现在都在监狱里或者死了。

一切自然法则都是道德的！那些能成功违背自然法则趋势哪怕是一瞬的人至今还未出生呢。

最重要的事是尽我所能激励人们把他们想做的任何事做到极致。

——科比·布莱恩特

我相信，黄金法则之所以力量如此强大，秘密在于它与道德法则相协调。它代表了人际关系的积极面，它背后有道德法则支撑。

希　尔

让我们来想想，对于刚开启职业生涯的年轻人而言，他们运用黄金法则的话，可以在哪些方面收益呢？

卡内基

好，成功的首要条件是健全的人格。运用黄金法则能够培养良好的品格与美好的声誉。也许你想要一个更加具体的例子来说明年轻人如何通过践行黄金法则获得物质上的利益，那么我们把黄金法则和"多走1公里"原则结合起来，看看我们会得到什么结果。

让我们更进一步，结合树立明确的主要目标这一原则。现在我们有一套组合原则，如果能够坚持和真诚地加以运用，这就足以让任何一个年轻人的人生起点超过平均水平。

希　尔

当然，这种结合对成年人和年轻人都有好处，不是吗？

卡内基

是的。当我们知道自己想要什么，并下定决心去获得它，养成"多走1公里"的习惯去实现目标，运用黄金法则和他人交往，那么我们就不会被世界忽略。我们都将引起那些对我们有利的人的关注，无论我们一开始是多么地卑微。

希　尔

对于那些读了高中或者大学准备踏上职业之路的人来说，这三个原则是不是一个很好的组合呢？他们会不会比那些没有运用这些原则的人更有优势呢？

卡内基

是的，他们会更有优势。这也是大多数人的弱点之一，他们在学生时代，为了"学分"学习和通过考试，却不知道拿着这些学分思考自己在毕业之后要做什么。在我看来，大多数没有目标的行为，无论何时何地，都是在浪费时间。"积极进取的人"，世人会称之为机警、有活力和成功的人，几乎在所有事情上都有明确的目标。他们的行动背后有清晰的动机和明确的计划，通常也能抵达他们的目的地，因为他们知道自己要去哪里，并且决意在没有抵达目的地之前继续前进。

希 尔

您是否相信那些运用黄金法则与人交往以及习惯了"多走 1 公里"的人，会较少遇到他人的反对？

卡内基

通常来讲，他们几乎不会遇到他人的反对。相反，往往会有人前来主动寻求与他们进行友好的合作。遵循了这两个原则的人一直以来就是如此。

希 尔

那么我们可以说，这两个原则不仅在道德上指导我们，还能消除常见的各种形式的对抗？

卡内基

这是一句话就能讲清楚的事情。现在，我必须请你注意遵循这两个原则生活能够带来的另一个好处。它包含了这样一个事实，将遵循原则作为日常习惯的人会因此受益，而忽视运用原则的人则相反。我还需要提醒你，其实大部分人甚至没有注意到这两个原则中的任何一个吗？

211

我们的国民变得贪婪、自私，大部分人都在努力获得物质财富，却完全无视他人的权利。这种趋势是如此明显，连盲人都能看得出来！

而如果这种趋势无限期持续下去，最终会导致我们现有的政府组织形式的毁灭，因为贪婪是一种会传染的、自我永久恶化的邪恶，它会无限影响人权。贪婪会摧毁造就富裕与自由的美国精神。贪婪成性的政客会逐个取代政治家，他们追求个人扩张，而非为人民服务。

我告诉你，而且也是我想强调的，黄金法则精神是唯一一个能让这个国家在当前形势下团结起来的人为力量。因此，能遵循这个原则的人不仅在造福自身，他们也在造福整个国家，其贡献的价值与自身在社区中的影响力成正比。

我们应该对美国人民现在的习惯所产生的力量感到害怕。我们过去的座右铭是"人人为我，我为人人"！这句座右铭体现在我们的政府组织形式之中，体现在州政府和联邦政府之间的友好联盟之中。

但我发现，从现在个人习惯的发展趋势看来，这句座右铭正在迅速转向，变为"人不为己，天诛地灭"。

希　尔

那么，您相信，无论是社会生活还是商业领域，每个人都应当开始宣讲黄金法则，以此作为一切人际关系的基础。您是这个意思吗？

卡内基

不，肯定不是这个意思。这根本不是我想的。每个人都应该不要再只宣讲黄金法则了，而是要行动起来！

有些人认为宣讲良好的人际关系就履行了他们对社会的义务，但这远远不够。没有行动力支撑的说教是单一的，社区里有一个人践行黄金法则远比十个人嘴上宣讲要好得多。

同样的道理也适用于商业：如果一家公司采用黄金法则作为其人际关系的基础，并由此获得丰厚的回报，那么就证明了该原则的可靠性，其他公司也就会立即效仿。如果雇主与雇员之间的关系是建立在黄金法则的基础之上，那么我们就不会再听到更多的劳工问题了，因为麻烦的根基消解了。那些专门通过煽动工人与雇主之间敌意来剥削他们的职业煽动者也没有任何活动的空间。

希　尔

那么哪一方应当首先启用黄金法则呢？雇主还是雇员？

卡内基

更聪明的那一方！在交易中主动应用这一原则的群体会比他者拥有巨大的优势，他们更容易获得公众的同情与支持，也因为就像明日太阳照常升起一样，公众一定会认识到并充分回馈遵循黄金法则的个人或团体。当我说"遵循"时，并不是指简单的说教，而是在所有人际关系中切实运用。

希　尔

您是否介意列举一些雇主在商业中运用黄金法则作为基础的主要好处呢？

卡内基

首先，雇主会从与员工更好的关系中获益。这么做能消除劳动纠纷，促进生产，进而让提升工资变得可能。

采用黄金法则能够吸引公众的注意力，这项新政策能够获得大量的免费媒体宣传，产生巨大价值，从而促进雇主产品的消费。

采用黄金法则能降低劳动力流动成本，因为它会给每一份工作带来额外的好处。我们要考虑到培训熟练工人需要的时间和金钱，而这对许多雇主来说是一个相当棘手的问题。

采用黄金法则能让雇主和雇员都摆脱苦差事。

采用黄金法则能减少浪费，最大限度地减少员工犯下代价高昂的错误。

希　尔

如果雇主把这条黄金法则作为商业关系的基础，那么所有可能的好处都在等着他们，但为什么很少有雇主利用它并从中获利呢？

卡内基

因为这是人类最古老的缺点之一——缺乏远见！人们改变自己的习惯的过程是非常缓慢的，通常也是不情愿的，尤其当这种改变需要引入新思想的时候。

编者按

在竞争日益激烈的商业世界中，企业不断希望在季度收益报告上占优势，迎合金融分析师的期许。然而不幸的是，这种短视通常会导致企业采取极端的成本削减措施，比如裁员、降低产品规格或质量（还希望没有人注意到）、支付最低工资、投资自动化以淘汰人工。

然而，一些公司却逆势而上，比如开市客（Costco）公司，目前这家美国零售商在全球 10 多个国家运营，其成功在很大程度上归功于其整体战略和长期保持远见。开市客给员工支付高于市场水平的工资，同时为顾客节省了大量开支。这种反常的策略是有效的，因为零售商与供应商合作，生产大量更加廉价的产品，在员工、客户和供应商这 3 个最重要的利益相关者中建立强大的品牌拥护者。

目前，开市客公司拥有 24.5 万名员工，是全国平均水平的 2 倍，其中 88% 的员工享受公司支付的医疗保险。尽管节俭的股东反对这种做法，但事实证明，这种做法对开市客来说是成功的。自从 2000 年以来，开市客的股价就上涨了387%。

真正的远见结合了黄金法则，而不是简单的削减成本。

希　尔

您相信引入黄金法则，将其作为商业关系的基础会是一个新的想法吗？

卡内基

　　这是将一个旧想法赋予新用途的做法。在采用黄金法则作为商业关系基础的时候，我们遇到的困难之一是，大多数人都只将这个原则与教条式、信条式的说教联系在一起，完全忽视了这个原则成为一种经济力量的可能性。黄金法则比任何教条都要宽泛得多，也比任何宗教要深刻得多，但它却包含了人类优良的精神品质。

希　尔

　　那么，您认为，黄金法则应当从布道坛上撤下，走进各行各业中去吗？

卡内基

　　嗯，考虑到这个原则已经宣讲了近 2000 年，只能说其在布道坛上表现不错！我想说的是，不管它宣讲得多么动听，还不如让它在日常生活的实际事务中发挥更广泛的作用。

希　尔

　　那么卡内基先生，如果一位劳工领袖宣布自己工会的所有成员都要践行黄金法则，您觉得会发生什么？

卡内基

　　那会发生什么？我来告诉你会发生什么。这位领袖会立马领导工会，对工会成员提出要求，雇员们与领袖互相成为朋友，公众也会抛出善意。这就是会发生的事情。但我也要提醒你，领袖必须说到做到。仅仅作秀并不会给领袖带来任何好处。

不管这个人是雇主还是雇员，经济地位高低，都没有关系。黄金法则里没有专利权，它是每一个想要利用它的人的财产。如果有人在黄金法则上获得所谓的专利权，你马上就能发现其他人也会侵占这份专利。当人们禁止使用什么东西的时候，其他人就会开始寻找违抗禁令者的方法与手段。

不要浪费时间讨论谁是好人。去做一个好人。

——马可·奥勒留

希　尔

那么，您觉得，如果黄金法则需要付出高昂的代价，它还会迅速得到广泛应用吗？

卡内基

这就是人类的思维方式！人们常常低估了一切免费的东西。

希　尔

如果有人问您，按照黄金法则生活的最大好处是什么，您会怎么回答呢，卡内基先生？

卡内基

这个问题的答案是显而易见的。践行黄金法则的最大好处是它能够改变人的心态。那些生活在这个伟大且普遍的原则中的人，他们头脑中没有自私和贪婪的位置。他们往往都是先给予后索取，因此，他们能吸引朋友，因为他们自己就是他人的朋友。

希　尔

黄金法则精神能让人更好地理解非个人的、无私的生活，是这个意思吗？

卡内基

是的，它不仅使人更好地理解非个人的生活，还能激发人对那种无私生活的渴望。

希　尔

那么您是否相信，忘我而为他人谋求福利的人更容易获得个人成功？

卡内基

每项伟大的成就都是运用黄金法则的结果。研究那些伟大人物的生活，你就会发现他们选择过一种无私的人生：

- 米开朗琪罗成为有史以来最伟大的艺术家之一，因为他强烈地渴望用自己的画启发他人。
- 贝多芬之所以永垂不朽，是因为他渴望用音乐激励他人。

- 爱迪生工作并不仅是为了钱，他把自己的一生都奉献给了科学研究，因为他受一种无私的愿望激励，即为了人类的利益而揭开大自然的秘密。

我可以坦诚地说，在我的商业生涯中，我更关心的是寻求和培养那些愿意为他人服务的人，而不是获取个人财富的人。财富是付出的自然结果。

希　尔

您认为自己职业生涯中最大的成就是什么？

卡内基

或许这个问题最好由他人来回答，但我自己的回答是，我最大的成就是我帮助了许多工作人员，使他们能通过提供更有用的服务而生活得更加充实。

希　尔

我注意到您并没有提到自己帮助这些工作人员积累的财富，这难道不是您成就中值得提及的一部分吗？

卡内基

我并不认为个人财富的积累本身就是一种成就！成就只在于提供的服务，而不是得到的报酬！

希　尔

是的，当然！这一点我非常清楚。但是，卡内基先生，世界认可一个人所获得的成就更多看的是他所积累的金钱，而不是他所提供的服务，难道不是这样的吗？

卡内基 ——————————————————————————

是的，这是大多数人常犯的错误。正因为这是一个错误，才导致太多的年轻人花了更多的精力在获取上，而不是给予！这个重大错误正在迅速地席卷美国人民，它和黄金法则的精神是不一致的。在黄金法则中，人们一开始就能发现自己迷上了有用的、无私地为他人服务的追求。

希　尔 ——————————————————————————

那么卡内基先生，在您看来，什么能够改变美国人养成这种习惯的趋势？

卡内基 ——————————————————————————

也许，什么也做不了，除了一些不可抗拒的灾难，将所有人都极大地降至一个共同的水平，那时人们不得不获得谦逊之心。灾难的形式可能是战争，也可能是我们整个经济体系的崩溃。

世界历史就有许多令人信服的证据，当人们忽视了非个人的生活，而沉迷于对权力与财富的贪婪和自私的欲望时，他们就会被这样或那样的灾难所压倒。罗马帝国的衰落就是一个很好的例子。

希　尔 ——————————————————————————

您认为同样的规则也适用于那些只为自己而活的人吗？

卡内基

是的，毫无疑问！在我的经商经历中，我观察到那些试图以牺牲同事利益为代价来提升自己的人首先会在中途败下阵来。他们之中的一些人成功地登上了权威的位置，但权威只会激发他们更大的私欲，他们很快就会被自己的弱点压垮。

在我的记忆中，无论是在我的组织里还是其他地方，能晋升到一个长期保持富裕位置的人，没有一个是不愿意提携他人的。同时，我也发现那些帮助别人最多的人，也是自己获得最多利益的人。

获得个人成功有一个绝对正确的规则，那就是养成帮助别人获得成功的习惯！我从来没见过这个规则失效，它适用于所有的人际关系。那些在生活中获得最大收益的人，是最能给予或帮助他人获得收益的人。自私并不是成功的规则之一，但它却是失败的主要原因之一。

希　尔

因此，无论从事何种职业，无私都是取得永久成功的"必备"条件之一？

卡内基

是的，而且我希望你能注意到无私和黄金法则之间的直接关系。在学会无私地为他人服务之前，没有人能够真正地运用黄金法则而生活。

希　尔

无私的精神发展出了什么特别的品质，使它具有了自我推销的普遍力量？

卡内基

我想说的是，它使人们拥有谦逊之心，让人更好地理解这种无形的品质，也就是所谓的"内在力量"。有时候我们会称这种力量为信念，但不管它叫什么，信念是所有天才的源泉。一个发展非个人的生活的人，能更多地生活在他人的生命中。

希　尔

如果我理解无误的话，您的意思是，无私会促进思想的开放，使一个人认识到并适应无限智慧的指导。

卡内基

我就是这个意思。自私会影响自己，被虚荣心掩盖，然后我们就会忽视内在力量的来源，这种力量与我们自己的理性能力无关，却比我们的思维能力更为强大。

希　尔

您相信这种内在的力量能够被认识到，并作为解决日常生活中的实际问题的指导精神吗？

卡内基

是的，我是这么相信的。而且我还想补充，准备好运用这种力量让自己的头脑接受内在力量指导的人，没有什么问题是无法解决的，因为它解答了一切问题，无论大小，物质的或精神的。这股力量能让人将逆境转化为馈赠，无论逆境的性质或范围是什么。

如果你憎恨某人，它就像回力镖，打不中你的目标，而是飞回来打到你的头上。

——路易斯·赞佩里尼

希 尔

一个人该如何让自己"头脑准备好"接受这种力量的指导呢？

卡内基

一切个人成功的起点是明确的目标——确切地知道自己想从生活中得到什么。人们能用一种执着的欲望来付出行动与生命，追求这个明确的目标。以持久的欲望为后盾的目标，通过发挥想象力，能发展出切实可行的计划，并最终实现目标。

它还会将一幅清晰明确的图景传达给头脑的潜意识区域，让人们知道自己想要什么。在这里，通过某种人类未知的方法，头脑与这种内在的力量产生了联系。因此，简单地说，你对于头脑准备接受内在力量指引有了一个了解。

希 尔

您没有提到黄金法则。如果有的话，它在"头脑准备"接受内在指引的过程中承担了什么角色呢？

卡内基

一个非常明确的部分！看起来，这种内在的神秘力量反对自私、贪婪、嫉妒、憎恨、偏狭以及其他任何具有伤害他人特征的精神状态。而那些头脑目标明晰的人，不以牺牲他人利益为代价追求欲望，正如一个人在运用黄金法则时的做法一样，他会因此从与他人的对抗中解脱出来，事实上，他能与他人友好合作。因此，他已经为实现自己的愿望扫清了道路。

思想就是能量，而且力量强大！当一个人心中充满敌意的对抗思想的时候，有可能这种思想会超过一个人对生活追求的渴望。敌对的思想充斥并影响了一个人的头脑，使人疑虑重重，因恐惧而犹豫不决。如果头脑中没有这种对抗，那么就不会有恐惧或者疑惑。因此，你看，黄金法则精神是塑造自信的伟大力量，而自信能引领我们产生信念，信念会引导你从内在获得指引。一旦你弄清楚了这一点，事情就会变得非常简单。

希　尔

哦，是的！我很能理解您的意思。黄金法则精神使人能与自己的良心和谐相处，使他们从恐惧和怀疑的对抗中解放出来，否则恐惧和怀疑会在他们追求前进的道路上形成阻碍。

卡内基

就是这个意思，说得很好。如果我们不能与自己的良心和平相处，我们就不能充分得益于信念的引导。如果没有了这个引导，我们可能无法利用自己的内在力量。

众所周知，潜意识受一个人的精神状态的影响，不仅是一个人的欲望，更是欲望背后的信念。如果这种信念被恐惧、怀疑、优柔寡断、嫉妒、贪婪或任何其他形式的自私所笼罩，那么潜意识就会认识到这种精神状态，并加以影响，当然结果是负面的！

践行黄金法则案例分析

拿破仑·希尔

有一把万能钥匙能开启所有通往人类一切所需的丰盛大门。但这把钥匙也适合用来开启两扇门：一扇门通往信念，另一扇门则是通往恐惧。

万能钥匙背后的力量是无限的，它能克服人类所有问题，如果这把钥匙打开了通向信念之门，那么最卑微的人也能成王。这把万能钥匙能赋予一个人绝对控制的特权，这种特权是不可剥夺的，只有在不使用的时候才会丢失。

这把万能钥匙就叫作思想的力量！

通过适当的调节，我们的头脑能准备好认识、占有并使用这股内在力量，即通过有启发性的指导而产生的内在力量。

安静下来，倾听那只通过思想力量诉说出来的声音。

——安德鲁·卡内基

正是这种内在的力量，通过启发性的指导，使米开朗琪罗克服了贫困、残酷的反对以及赢弱的身体，最终成为世界公认的历史上伟大的艺术家之一。正是这股相同的力量让爱迪生发现了大自然的奥秘，成为世界上伟大的发明家之一。尽管贝多芬丧失了听力，但这却让他在作曲方面被誉为天才。这股力量向居里夫人揭示了镭的秘密；也使得查尔斯·普罗透斯·施泰因梅茨成为交流电领域公认的权威；还向马可尼揭示了无线电报的原理，使他最终发明了无线电。

这些人物，以及世界公认的天才人物，都通过"调节"他们的思想来接受来自内在力量的引导，这种力量能自由地接近大自然的所有秘密，并且不将失败作为现实的一种元素。

这种"调节"始于一种适用于将生命赋予无私奉献的能力，这种人本着无私地渴望做善事的精神将自己的生命奉献给全人类，即在得到前先付出。

一个人要过上无私奉献一生的第一步，称为黄金法则。每一个取得真正伟大成就的人都承认和运用着这个原则，真正的哲学家都承认这个原则。

孔子发现了这一点，并将其作为一种哲学的基础，最终受到万人爱戴。加利利人也发现了这一点，在"登山宝训"中用了简单易懂的术语如此解释："所以无论何事，你们愿意他人怎样对待你们，你们也要怎样对待他人。"

许多布道都是关于黄金法则的，但很少有人能充分解释其全部含义，这个原则的主旨是：

把自己投入无私奉献他人之中，你将发现内在力量的万能钥匙，它将引导你正确地实现你最高尚的目标和抵达你所期望的目的地。

这条公式并没有什么神秘之处！任何人都能使用这条公式，也不会提出异议，因为它会让受其影响的所有人都受益。

众所周知，我们在世界上占据的空间，完全取决于我们提供服务的质量与数量以及我们提供服务时的心态。这些决定因素都在每个人的掌控范围之内。

同样公认的事实是，那些占据了最大空间的人（通过自身影响力和公众认可）已经克服了恐惧、嫉妒、憎恨、偏执、贪婪、虚荣、自负和不劳而获的欲望。

同样，这也是"调节"头脑认识并占有这股内在力量的一部分，这种力量引导着人们成功地克服生活中的阻力。

现在让我们来分析一下那些运用了黄金法则且无私奉献着的人，以便我们能观察他们的精神，以及他们是如何与他人产生联结的。

我将从卡内基开始讲起。因为这几章他向我们详细展示了他头脑中的思想是如何运作的。他在职业生涯伊始就采取了这种谦逊之心，并在一生中保持着这种精神。

在他从贫穷走向富裕的过程中，他把激励他人、分享自己的成功作为自己的职责之一，这一职责也延伸到了公司里最不起眼的员工身上。尽管他积累了巨大的财富，但他也帮助了很多人成为百万富翁，他帮助的人数比美国人所知的任何其他实业家帮助的人数都要多，而这些人大多数都是白手起家，几乎没有接受过什么教育，除了强健的双手和真心诚意之外，并无他物。

卡内基积累了一笔财富之后，就开始想方设法地把它捐出去，以此证明他对无私生活的理解。

然而，他并不仅满足于把钱捐出去。他意识到自己最大的资产是让他获得财富的知识，而这份知识在其整个丰富多彩的职业生涯中，向他揭示了其所热切汲取的丰富的内在力量具有多大的范围和可能性。

卡内基不仅为自己的幸福着想，也为未来几代人的幸福着想。它所遗留下来的影响体现在美国人的个人成功哲学之中，包含了众所周知的个人成功原则，美国人民在各行各业中都应用着这些原则。

他们之所以做得到，就是因为他们认为他们能够做到。

——维吉尔

卡内基知道无私生活的价值，因为他一生中一直保持着这种自律！因此，他所占据的公共空间如世界般广阔，虽然他已成为宇宙的公民，但他的精神仍在继续激励着人们通过高等教育和阅读来理解无私的人的一生。

1929 年爱迪生战胜了逆境，取得了历史上绝无仅有的胜利——相较之下，罗马人的胜利似乎只是普通的马戏团表演而已，只占据了这个地球上很小的有限部分。然而，爱迪生获赞的世界里则覆盖了南北半球及地球上所有的国家。

此前从未有过这种对于个人天才的认可，这是世界第一次庆祝和平胜利的五十周年纪念，胜利者的列队后面不再有戴着镣铐的牺牲者；恶意、嫉妒和憎恨都抛弃，取而代之的是共有的感激之情。爱迪生赋予人类的益处简直是一种奇迹，里面浇筑了他的天禀，可以这样比喻地说，他将储存起来的能量转化为微小的白炽灯，让太阳也在夜间发光。

爱迪生的商务主管阿尔弗雷德·O. 泰特（Alfred O. Tate）曾说：1929 年 10 月 21 日是电灯发明的五十周年纪念日，万千光辉洒满全国，而当日焦点聚集在密歇根州的迪尔伯恩，亨利·福特主持了这场庆典。这次盛宴不仅因爱迪生发明的电灯而显得富丽堂皇，也因其为爱迪生个人发明历程中独树一帜的杰作而名副其实地点亮了这些重要的历史时刻。

在这历史性的日子里，上午 11 点左右，我站在福特等候区等候并见证"火车驶入"。站台仿照爱迪生小时候曾经做过报童的沿线车站而造，当时他在一个行李车厢的角落里，自己编辑并印刷了一份报纸，上面都是列车区间的闲言碎语。

火车停下后，第一个出来的乘客是美国总统赫伯特·胡佛，紧随其后是佛特夫妇及其贵宾。接着走来的是一位满头白发的男人，脸上诧异地笑着。他就是那位曾在列车短程途中向马车里尊贵的乘客贩卖原版报纸复制品的报童——爱迪生。

当日晚上 7 点，在一幢仿造费城独立大厅的大楼里，美国各行各业的杰出人士共聚一堂，同享盛宴，亨利·福特作为宴会嘉宾向爱迪生致敬。

美国总统发表了表彰爱迪生的演说。当爱迪生站起来回应时，情绪激动，在场所有听众也深受感动。这是爱迪生第一次在这种场合代表自己发言，之后再也没有这么做过。

这就是谦逊之心的最高形式！这也证明了，愿意将生命奉献给为他人服务的人终将被人发现，并获得丰厚的奖赏。

爱迪生鲜少谈论自己的成就。他的座右铭是："行动胜于空谈。"

他全情投入自己的工作，没有时间也没有兴趣为自己着想。他承认，在他的一生中，从来没有认真考虑过自己能从劳动中获得什么。他最关心的是他能给予什么！

因此，他一定会发现自己的内在力量，那才是他天赋的真正源泉。他调整了自己的思想，认识并运用了这股力量。无论他是有意还是无意，都无关紧要。但重要的是，我们要认识到爱迪生度过的是一种无私的人生，从这种生命状态中，他准备好认识并运用这股内在力量，造福人类。

近 2000 年来，世人一直在谈论黄金法则，对其宣讲更是不计其数，但仅有少部分人通过践行原则挖掘出它的力量，而非仅仅相信原则的作用。

本章的目的是要讨论，当我们在与人交往时采用黄金法则会发生什么。因此，我想请大家关注两个相关的原则：

（1）和谐的吸引力。
（2）报复。

我们的天性常常让我们在受到他人言语或行为伤害时以相同的方式进行报复。而当他人在言语或行为里对自己表达喜爱的时候，我们也会和善以待。远在哲学家们发现黄金法则的秘密力量之前，人类的这部分天性就已存在，而且无疑是他们对人性的这部分解释促成了黄金法则的出现。

爱默生发现黄金法则不仅是一条道德戒律。他意识到其根源在自然法则领域中，它不仅掌控着人类，还掌控着整个宇宙的每一个物质原子与能量单位。

爱默生写道：

"对立，即作用与反作用，见诸自然界各处；明与暗，冷与热，潮起与潮落，雌与雄，动植物的吐与纳，心脏的张与收，声音液体的起与伏，向心力与离心力，电流、静电与化学亲和力……"

自然界中的这种二元性同样构成了人类存在本质与形式的基础。有所益必有所损，有所损必有所益。苦中带甜，善恶相存。每一份感官上的享乐都对应着一份因不节制而面临的惩罚。因此，生活需要保持平衡。收获一份机智也会收获一份愚笨。在此处失去一些东西，会在其他地方收获一些东西。有得必有失……

海浪翻卷形成浪尖，不管其速度有多快，这个速度和它以各种形式恢复自身平衡的速度是一样的。人生总会有某种平衡的力量，使得那些专横的、强壮的、富有的和幸运的人基本上变得与他人同处在相同的境地。

当某人通过行为或言语伤害其邻居时，产生的影响与爱默生诗里提到会产生的影响是一致的。因为伤害必然会导致相关后果。如果邻居没有立即进行报复，那么他们的一些朋友会报复，或者报复可能来自某个完全陌生的人，但报复迟早会到来的。

但是，如果我们完全忽略报复的后果，那么当我们伤害别人的时候，我们还可能会经历另一种后果：削弱自身的部分性格。这种报复性行为会冒犯我们的良心，降低我们的自立与自尊，并削弱我们的意志力。

成功属于那些能通过谈判解决问题并在自身关系中减少摩擦的人。

——拿破仑·希尔

因此，控制宇宙的整个自然法则系统都已经被设计好，迫使每一个生物接受其自身行为的后果。一个人的每一个思想、每一个行为都成了他性格中固定的一部分！

这个证据有力地支撑了作为所有人际关系基础的黄金法则：**你如何对待他人，就如何对待自己**。在这个问题上，黄金法则并不会网开一面，它让你别无选择，你只能决定在与他人的关系中，你的思想与行为是要帮助还是阻碍自己。

运用这个原则吧，看看会有什么结果。

当卡内基对自己工厂里最基层的工人打开机遇之门并把他的经验、财富以及作为一个可靠的工业家的既定声誉所带来的全部好处给予那些准备接受机会的人时，他所做的不仅是帮助他人积累财富，他还为自己的财富增加了不可估量的价值。这种价值不仅体现在物质层面，也体现在良好的个人品格上。

卡内基可以获得自己的财产并随意支配，但不义之财总带有一种奇怪的特性，会让其自身毫无价值。

这种现象有时也称为"来得容易，去得也快"！

卡内基通过帮助他人获益来保证自己的经济安全。没有人能逃脱这一结论，而且事实就是如此，众所周知，不容置疑。

有些人因无知或不宽容，抱怨卡内基的财富是以牺牲劳动工人的工资为代价的。的确，他是在这些工人的劳动合作中获得财富，但可以肯定地说，他每从自己的工人劳动中获得 1 美元，这些工人就能得到 100 美元甚至更多。而且别忘了，他向自己公司里基层的每一名员工都敞开机遇大门，也向每一个想要超越平庸的体力劳动的员工开启大门，给每个愿意接受相同机会取得与他一样财富的人以机会。

同时，我们也不应忘记，卡内基处理自己财富的方式是让它继续运转，帮助他人继续实现生命中想要的一切，而且付出与回报成正比。

即便是正在阅读这一页的你也能从这个哲学中获益，这是一位伟大的慈善家，用他的深思熟虑为你提供了必要的步骤，让你更容易了解到他积累财富的知识。

这是一种无私，只能当一个人掌握了无私生活的价值，懂得了与所有愿意接受的人分享财富和机遇时，才能表达出来。

这个分析并非要颂扬卡内基的美德，而是向你，正在世界上寻找自己位置的你讲述一个道理：付出才能得到！

在无私精神的指引下，奉献会产生价值，而且会不断增强，直至永恒。卡内基积累和捐赠的金钱与他思想所创造的财富相比，只是很小的一部分。对于后者创造的价值应加到数亿美元，这些都用于支付工人薪水，他所创立的伟大钢铁工业为工人带来工资收入，此外他还帮助数以百万个使用钢铁产品的人节省了成本，通过精打细算，他让钢铁价格从每吨 130 美元降至每吨 20 美元。

因此，我们可以发现，即便肉体消逝很久，但一个人的品格会持续产生影响，无论好坏。这也是对自然法则的回应，特别是对补偿法则的回应，爱默生如此充分地描述了这一规律。

因此，当你听到有人说他们相信黄金法则，也很想践行这个原则，但却无能为力，因为他们必须与之打交道的人并不遵守这个原则，那么你就知道他们并不是真的理解了这个原则的基本前提。他们忽略了一个事实，即遵循这条黄金法则的人会受益，并且不受他人行为的影响。这些好处体现在以下方面：品格更坚毅、更加自立、具有个人主观能动性、心态平和、富有创新致胜思维、充满热情、自律、能从失败中获益，以及更好地感悟到内在力量，且这种力量只会展现给那些已经做好准备去认识与拥抱它的人。

当爱默生说"做本分事，你就能够拥有权力"！他想到了这是法则所带来的最后一点好处。爱默生知道，我们释放的每一个思想、放纵的每一个行为，都会成为我们性格中不可分割的一部分，根据其本质来帮助或影响我们。

他也知道，良好的性格不仅能创造良好的声誉，还会带来充足的信心，在意志力和理性都不足以让人应对紧急情况的时候，这种信心是必要的。

在这里暂停一下，然后沉思一下！

这就是黄金法则的关键所在，而本章的重点也是要解释黄金法则。让自己投入到无私奉献的生活中，你的问题就会随之消失。人类的历史证明了这一点，我们生活的复杂时代里，如果那些想要努力解决时代中各种问题的人忽略了黄金法则，那将是一个悲剧性的损失。

在本书中，卡内基强调了保持积极心态的重要性。他通过无数例子说明，我们生活的外部环境与我们精神状态上的细节高度统一。他还提供了无可辩驳的证据，证明与他人维持和谐关系是所有个人成功萌芽的种子。

对于那些我们自私地对其进行剥削的人们，我们无法与其和睦相处。我们也不可以通过任何伤害他人的关系获得成功。成功只会降临于那些愿意与他人同行的人，并且他们愿意真诚地运用黄金法则与他人分享自己的机遇与知识。这就解释了一个奇怪的事实，我们能够通过帮助他人解决问题来更好地解决自己的问题。整个世界都非常相似，影响了一个人，也会相对应地影响**整个**人类。

若工作机会充足，报酬丰厚，那么整个社区就会受益。若工作减少，人人无所事事，那么整个社区都会变得匮乏。

许多人都知道这种效应，但很少有人理解。少数懂得这一点的人，有幸在他们所从事的每件事上都取得了成功——他们持续工作着，在经济萧条、战争和其他广泛影响周围人的紧急情况下生存下来。

如果你想要更具体的证据证明过一种无私的生活是值得的，那么就从你自身做起，向周围没有你幸运的人伸出援助之手。不一定要给他们钱，而是通过鼓励他们，并让他们有机会付出。你从别人肩上卸下的每一个重担，都将从自己的肩膀上卸下同样的负担。或者，如果你没有重担，帮助他人能让你带来其他形式的好处，满足你的愿望和需求。你不能仅通过相信黄金法则就享受到它的好处，而必须把自己的信念付诸行动，正如卡内基一再强调的那般。

所有人的主要愿望之一就是对幸福的欲望！我们追求物质上的富裕，是因为我们相信他们能转化为某种形式的幸福，因为，很明显，仅仅拥有金钱并不能带来幸福。

我们建立并维持友谊是因为友谊能够给我们带来欢乐。爱，是人类情感最高贵的表达，全人类都在追求爱，因为它能给人们带来幸福。

> **不快乐就是因为不知道自己想要什么，**
> **且无法为之拼命付出。**
>
> ——唐·赫罗尔德

因此，我们可能会说，人生的主要目的是寻找幸福并保持幸福，然而绝大多数的人从未在某些特定时间里经历过享受这种神圣礼物的短暂时刻，有些人一生都没有经历过。

在一切人际关系中运用这条黄金法则，是获得幸福的唯一保证。

约翰·拉斯伯恩·奥利弗在南卡罗来纳州哥伦比亚市的《三一教堂简报》（*Trinity Church Bulletin*）上，如此真实地描述了通往幸福的道路：

许多人写信跟我抱怨他们不快乐。他们经常说："我想要与生俱来的幸福权利。"事实上，在这个世界上没有人有幸福的权利。我们可能感觉自己有权利要求幸福，但是在法律术语中，要求与权利之间有很大的区别。要求常常是不成立的，也有许多虚假的要求。然而，权利意味着因为占有某物之人的某些固有特性，绝对且公正地占有该权利。

如果说我们有幸福的权利，却又承认自己并不幸福，就等于说我们遭到了不公正的对待，并没有得到应得的奖赏。在这个世界上没有人有幸福的权利，那些要求幸福作为一种权利的人几乎得不到幸福。

幸福是一种意外收获。有时它会显露出来，出乎意料。但更多的时候幸福来自一种自愿接受日常生活中的责任与困难的心态，并以尽可能少的精神摩擦在世上完成自己的工作。

问题是我们对过去的幸福没有足够的感恩。我们说："几年前我很开心，我爱着这样或那样的人，做着这样或那样的事。但现在我失去了幸福，所以我感到沮丧和气馁。"我们应当感激过去的幸福时光。然而，通常我们对自己失去的东西感觉更加强烈，因为我们曾经拥有一些给予我们快乐的东西。

当我们暂时感到快乐的时候，我们以为这种快乐会无限期地延续下去。

生活中，时常发生这样的事情：曾经给我们带来幸福的人或事突然被夺走了。一个被深爱的孩子死去，或者一个深爱丈夫的妻子与丈夫分离。丈夫的爱日渐冷淡，或者朋友的情谊消散。把我们从孤独的"监狱"中带出来的"天使"被带走了，我们很想坐下来等他回来。但这并不是面对离去的"天使"的正确方式。这种失去并不一定是不幸与悲剧的源泉，而可以是一种获得新力量和变得有力的方式。

我们为自己制订了生活计划，可是当计划被某些东西粉碎的时候，我们就会变得非常叛逆。我们已经开始朝着某个方向前进，我们心满意足，取得了一些成就。然而此时意外发生，我们的路被堵住了，无法再朝着同一个方向走了。我们会说："如果我这条路走不下去，我就不走了。"但我们没有意识到我们还有其他路可以走。

如果人们能更清楚地认识到这些事情，那么就会少一些对失去幸福的抱怨。真正的幸福永远不会消逝。如果这是一种真正的幸福，那么对于它的记忆和力量将永远与我们同在。

是的，奥利弗先生是对的！真正的幸福会让所有经历过它的人内心充盈，而且通常这些人会帮助他人找到自己的幸福。此外，幸福可以通过黄金法则找到，它激励我们热情地度过无私的一生，因为这种热情本身就是幸福的最高级、最高尚的形式之一。

> 如果你是你的雇主，且他是你，
> 你会对自己的生产质量和数量满意吗？
> 又会对你的工作的精神状态满意吗？

——拿破仑·希尔

因此，现在适合揭穿一个关于工作中黄金法则的普遍谬误。那些不理解这条伟大的人类行为原则背后所蕴藏的含义的人常常误认为，在一个自私与贪婪的物质时代，这不过是一个好听的理论。他们错误地争辩说，他们不能按照黄金法则生活，因为他们的邻居拒绝这么做，所以坚持这个黄金法则会让他们处于非常不利的位置。

一位著名的商人说："我很乐意按照黄金法则来经营自己的生意，可是如果我这么做了，我就会破产，因为和我做生意的人会占我的便宜。"

表面上看，他的话似乎是合理的。但黄金法则中蕴藏的哲学比起这种表面的交换要深刻得多。要认清它的影响，我们必须探寻到表面价值之外。

众所周知，任何事情都存在例外（或者看起来像是例外），有些人既得到了黄金法则的好处，却没有付出相应的努力，从而使得施予者处于不利的地位。然而人类行为原则中的少数例外并不重要。

重要的问题是：

难道全人类的经验不都在说明着，绝大多数的人在和他人交往中以自己受到对待的方式回应他人吗？

因此，如果每 100 个与你有生意往来的人中，只有 1 个人得到了黄金法则的好处，却没有以同样的方式回应，拒绝承认自己通过这个原则受益，那又如何？其余 99 个人会用相同的方式回应你的。因此，平均法则会让施予者得到应得的补偿，更不用说施予者通过自身的行为付出，让自己的性格变得更加健全，从而通过不断提高的声望彰显自己的影响力。

位于芝加哥的马歇尔·菲尔德百货公司长期以来都有这么一条规定：所有顾客都可以无条件退货。这条规则是否有利可图呢？会有一些顾客利用这条规定来欺骗百货公司吗？让我们听听部门经理是怎么说的。

"偶尔的情况下，"手套部经理说，"人们进来买了一副昂贵的手套，然后某天夜里戴上，故意撕开接缝，然后把手套拿回来，要求退钱。"

"这种情况下你会怎么办？"经理被问道。

"我们不仅退钱，并且对顾客在退货过程中损失的时间表示歉意。"

"但你们商店怎么能容忍这种明显的欺骗行为呢？"

"这家店，"经理解释道，"一定会从这种服务中获益。或许每 500 个顾客中只有 1 个人会如此对我们施加压力，但就是这么一个例外，也常常给予我们丰厚的回馈，因为那个人会广为传播，宣传我们商店信守诺言，索赔不会引起争议。"

在芝加哥市，有一家帽子连锁店，出售 2 美元的帽子，广受欢迎。这家店的规矩是，在出售帽子的同时，售货员要清楚地说明帽子使用的期限，任何期限内帽子无法令人满意，都能够退货，并换一顶新的帽子。有一位顾客买了一顶帽子，此后 3 年多的时间里，他每 6 个月就把旧帽子退回来，并附上一个词的解释——"不满意"，每次他都能换到一顶新帽子。

每当问到为什么不在这个骗子下次再来店里的时候把他赶出去时，店主就回答说："为什么把他赶走？如果我有 100 位像他这样的顾客，我几年内就得关门。但他是这家店的活广告，因为我们每周都会有一两名新顾客来买帽子的时候，跟我们说他们来买帽子是因为听说了这个'骗子'的故事，知道我们信守承诺。他每个月以 2 美元的价格拿走我们一顶帽子，比我们花几百美元买一个报纸版面带来更多更好的广告效果。"

编者按

美国咖啡连锁店星巴克向所有顾客提出了一个简单的承诺：如果您对自己的饮料不满意，我们很乐意重新制作，直到我们将其做好为止。这就保证了每一个顾客都能有满意的体验，并不断光顾。这有效延长了顾客生命周期。

我可以和你打赌，很多时候一些不道德的顾客已经喝完一半的饮料了，但借着"不满意"的幌子要求重做一杯新的，以便享受比自己支付的更多的饮料。本质上，这就是在利用商店的顾客满意政策。但这个肆无忌惮的局外人似乎并没有对这家咖啡连锁店产生任何实质性影响。如今，这家咖啡连锁店在全球有 30000 多家分店，市值超过 1000 亿美元。

然而，仍有些人会说："我愿意遵循黄金法则，但我负担不起，因为其他人并不遵循这个原则。"

不要介意他人。遵循黄金法则应当从自己角度出发，如果你真正地运用了黄金法则，而不仅当作一种理论，那么它将给你带来充足的回报，不管别人做什么。

比较是快乐的小偷。

——西奥多·罗斯福

最近我有两个熟人进行商业合作，其中一个人需要支付一笔不小的费用。尽管这个合作关系涉及他们余生，但两个人的合同完全是口头承诺，甚至没有用笔写下来。碰巧的是，两个人都十分清楚，要尽其所能，在与他人交往时遵循黄金法则，若遇到了同样按照这个原则行事的人，就会比律师所起草的任何法律合同都要更具价值。

让我们看看这份合同在实践中效果如何！

交易完成 6 个月后，其中一个合伙人——没有投资任何钱的那一位，自愿将他的合伙人作为人寿保险的受益人，保险金额远远高于当时投资人所给予的投资金额。此外，他还立了一份遗嘱，指定他的合伙人为唯一受益人。这份遗嘱的部分内容如下：

> 我决定将不动产与动产遗赠给我亲爱的朋友和商业伙伴 _____，包括我们共有的商业中我的那部分的所有权益，以及本人其余所拥有的财产，包括动产和不动产，我要提名并指定 _____ 作为这份临终遗嘱的执行者和受托者，并且要求他可以在不占股份的条件下执行这份临终遗嘱。
>
> 通过我本人的自由意志，我愿意将自己的财产遗赠予我的商业伙伴，因为我深受感动，他的关怀与理解，他愿意与我进

行商业合作，并仅仅因为信任我而给我投了一大笔资金，并且我们之间的协议从来没有任何书面证据，这展现了他将黄金法则作为一切人际关系基础的信念与践行，我愿意这么做以示对他的感激。

考虑所有相关的事实，这个人的财产很可能超过 100 万美元，但显然他对自己的生意伙伴表达了深厚的感激之情，这完全是基于他的伙伴是如何对待自己的，因为他的生意伙伴认为只需要通过口头协议就能保证公平的交易。

我很了解这两位合伙人，我相信，就算是绝顶聪明的律师也不可能起草出一份能如此满足他们的目标，并且还能比口头协议更具约束力的法律合同。这样的口头安排必然奏效，因为这是基于黄金法则而建立的协议，签订协议的两个人都将黄金法则作为自己终生与人交往的哲学部分。

请注意，我并不是想通过这个例子建议每个人都仅仅通过口头协议来建立商业关系，因为我足够务实，清楚知道有许多人既不尊重黄金法则，也不试图按照黄金法则生活。当然，这个错误会给他们造成损失，但事实是，世人还没有发现，只需要遵守黄金法则生活，而不仅是将其当作人际关系的理论，就足以使自己获得深远的益处了。

运用黄金法则的一些主要益处

我们都知道，动机在一切人际关系中是非常重要的。因此，让我们来盘点一下运用黄金法则可能带来的好处，并明确人们在运用这个原则的时候，运用了 9 种基本动机中的哪几种基本动机。

1. 爱的动机

爱是所有情感中最伟大的一种，它建立在黄金法则基础上，激发我们抛弃自私、贪婪和嫉妒，并将自己置于他人的处境中。爱的动机，通过黄金法则表达出来，能让我们自由地遵循那句古老的告诫"爱人如己"。这能让我们充分体会到作为人的统一性，任何伤害他人的事情也会伤害我们自己。

因此，让我们在所有关系里运用黄金法则吧，将此作为一种展现人类精神的实际手段。这是运用这条深刻规则中最伟大的动机。

2. 利益动机

利益是一个合理又普遍的动机，但其常常以一种自私的形式出现。运用黄金法则而获得的财富能更加持久。获得这种物质并不会激起恶意、组织性的反对、憎恨或嫉妒。事实上，它会激起他人的合作意愿。除此之外，别无他法。这就是运用黄金法则所带来的严格意义上的幸运馈赠。

3. 自我保护的动机

自我保护的意愿是每个人与生俱来的。只有那些在努力保护自己并且帮助他人保护自己的人才能具备这份动机。当我们践行"自己活也让别人活"的时候，就会受到他人善意的回应。因此，这条黄金法则是最可靠的方法，让我们在保护自己的同时与他人友好协作。

4. 渴望身心自由的动机

渴望身心自由是所有人的共同愿望，而且正因为它如此普遍，所以它影响着每一个人的人际关系，使得生活中的利与弊、得与失处在同一水平上。公平会对那些尽可能多拿一份或避免自身损失的人进行赏罚。

那些最快获得身心自由的人，是帮助别人获得同样自由的人。无论是从受益还是受损来说，每一个人际关系都表明了这一点。一个人获得自由后，必须与他的邻居和同事共享，从而使其成为共同的财产。

爱默生也有同样的想法，他曾经说过："大自然痛恨垄断与例外特权。万事万物不停地进行自我平衡，其速度之快绝不亚于高浪跌入低谷。专横、强壮、富有、好运也总会有另一面，其他也莫不如此。"

5. 对权力与名誉的渴望动机

对权力与名誉的渴望是人类的 9 种基本动机之一，两者都只有通过运用黄金法则，与他人友好合作才能获得。这个结论不可避免，你可以试一试！

在此，我们能从扶轮社的口号中获得启发："服务最多，获利最丰。"如果我们不能在方方面面设身处地为被服务者着想，那么我们不可能"付出最多"。如果我们不能让他人享有与自己同等的收益，那么我们就无法掌握权力，获得名声。至此，我们方能开始理解，为什么我们既要宣讲又要践行黄金法则了！仅仅信仰原则是不够的，只有把原则付诸行动才能带来实质性的回报！

因此，我们可以这么说，那些严格遵循黄金法则行动的人们因运用了 9 种基本动机中的 5 种而实现与他人的合作。此外，他们让自己获得了对两种消极动机——恐惧和报复的极高免疫力！因此，我们可以这么说，那些践行黄金法则的人，从这 9 种动机中的 7 种动机中获益，并使自己免遭这两种消极动机的伤害。

这就是通往权力的真正道路！我们能取得他人的绝对同意，和谐合作，从而获得这种力量。因此，它是永恒的权力。这种力量能反映在一个健全的人格上。因此，这股力量不会伤害他人。

现在，我们要强调黄金法则常常被人忽视的一点，那就是必须**践行**原则才能享受它带来的益处，而不仅是相信它的合理性，并不断向他人宣讲这种合理性。消极对待这一伟大的人类行为原则是不会产生任何效果的。这一点，与信念一样，消极对待是没有实际价值的。"要做，而不是说"必须成为一个人的座右铭！

2000 多年来，黄金法则一直以多种形式宣讲着，但大多数世人仅仅将其当作一种说教。每代人里，只有很少一部分能够运用这一伟大定律潜在的力量，并从中受益。如果不是这样，世界就不会像现在这样，忙于拆散文明的产物。

这种哲学的好处多种多样，并且数量惊人，无法一一列出。但有一点我想要强调：将黄金法则作为一种行为习惯，运用于一切与他人的关系中的人都会受益匪浅。

不要总是期望从你交往的人那里得到直接的好处，因为如果你这么做了，你就会失望。有些人不会以同样的方式回应你，但他们的失败将是他们的损失，而不是你的损失。

这里有一个用来阐明我意思的绝佳例子。美国北部的一个小镇上住着一个人，大家公认他是这个镇上的"头等公民"。在过去的 25 年或更长的时间内，他一直身处这个职位。

他凭着一己之力筹集资金建立了镇上最好的教堂，对于这种付出他所得到的回报是什么？他遭到一些教会成员的辱骂和恶语相对，骂他的还有一些镇外的市民，有一些人因为他的领导职位而讨厌他，又或许是因为他们所期待见到的建筑师并没有拿下合同。

这个人出资建造了他所在州最重要的分区，从而让周围地价升值，整体上也变得更加美丽。他拥有并经营着镇上最大、最成功的企业，雇用了许多人，这些人拿着很高的薪水。他的影响力遍及整个美国，因"认真做实事"而闻名，也因此吸引了许多新的产业与他合作。总体来说，或许他为自己的州所做的，要比任何其他人多得多。

他一直廉洁清白，和所有政党保持友好关系，实际上是与所有的地方政治人士都保持友好关系，尽管他没有和任何一个政党结盟。他在国会的影响力非常巨大，以至于他为自己所在的州从联邦政府那里取得了许多优势。如果说有一个人将黄金法则在所有人际关系上运用得最实际，那他就是这个人。

因此，你或许会想，在他自己的州是一个英雄，但打消这个念头吧！并不是。相反，"游手好闲"的人只会嫉妒他。有时，他们会在言行上对他不公。考虑到这些行为，他完全有理由进行报复，但是他"报复"的唯一方式，是无论何时何地，只要身边邻居同意，他就会为他们付出。他从未说过他们忘恩负义，也没有从行动上展现出他的憎恨，因为他遵循黄金法则生活。

有人会问："这个人按照黄金法则生活获得了什么好处呢？"

首先，他物质上十分富裕，而且比他所在的城镇的普通市民富有得多。我们假设这就足以满足一些人的需求，但让我们想得更长远一些。这个人还相对年轻，在思想上、精神上和物质上正在快速成长。从更广泛的意义上说，他的富足不仅包括物质利益，还包括良好的声誉，这种声誉不仅吸引更多的机会，让他发挥自己的影响力，还会进一步增加他的物质财富。

不久前，一个由实业家组成的代表团自愿把一个机会交给他，提供给他很高的报酬，让他为国家提供意义深远的服务。他接受了这份重任，但拒绝从中获利。他的办公室就是一个影响力的汇聚地，几乎涉及他所在州的每一个利益相关者，许多政商界的领导人纷至沓来。

他的话比大多数人的契约更有效。所有人都知道，他遵守黄金法则，是要赢得大多数人的信任，尽管有少数人目光短浅，但他还是成功了。

这个人不是所居住社群的一部分。从更广泛的意义上说，他就是社群本身。这不是他自吹的，而是那些认识到他身上健全的人格并为之吸引的人所称赞的。可以毫不夸张地说，他是这个社群里最幸运的人。这份幸运不是运气或偶然，而是因为他践行了自己的生活哲学。

　　这个人能成为现在的样子，都是通过自身努力换来的。他的家境并不殷实，相反，他在事业生涯伊始便背负了许多非个人债务。他所得到的一切，没有一份不是通过提前付出努力所换取的！而这也是那些遵循了黄金法则的人们所具备的另一特质——他们有"多走1公里"的习惯。

　　这个人有一些敌人，从不说他一句好话。但他们会用一个国王的赎金，如果他们有的话，来换取他的位置。

　　因此，你要做好准备，如果你想运用黄金法则生活的话，就要学会与那些不会效仿你但又嫉妒你的人共处。不要在意他们的嫉妒，这是人类的低级错误之一，这种错误只会伤害那些沉迷于嫉妒的人。

我最好的朋友能激发我最好的一面。

——亨利·福特

　　最近我采访了一个人，并请他坦诚地分享他对自己运用这条黄金法则后所取得的成果的看法。一开始，他总是想起那些周围人拒绝回报自己恩惠所引起的不愉快。

　　他一一叙述了所有这些情况，然后自己审视了好几分钟，默默地望着天空。最终，他转过身来，正视着我的脸，激动万分地说："这种为人处事的方式所带来的真正好处，并不是来自他人。好处不是物质的收获，好处深藏于我内心灵魂深处的感觉，我在那里感到内心平和。"

　　现在好好想想那句话！

　　这是一个与自己和平相处的人。你能意识到那种平和意味着什么吗？那意味着他对自己有自信，这种自信能让他坚定自己的判断，这在其他人身上很少见到。他能迅速坚定地做出决定。他主动并充满激情地行动，激起获胜的意志力帮助自己取得胜利。

不可否认，这个人在自己的国度里握有巨大的权力。他通过自己的态度争取并获得了这种力量，因为他能与自己和平共处。所以，他从黄金法则中获益，这与他人拒绝用同样的方式对待他毫无关系。因此，这里有一个运用黄金法则的重要原则：它能给予一个人做出明确决定的勇气，并且克服各种反对形式，坚持下去。

那些将运用黄金法则作为生活习惯的人总能与自己和平相处。他们对大多数形式的恐惧具有免疫力。他们能以坦率的精神面对同胞，因为他们问心无愧。

有人说，除非人们与自己的内心保持良好的关系，否则他们无法完全拥有自己的精神力量。黄金法则是我们与良心建立密切联系的媒介，也是实现这一目标的唯一可靠规则。

运用黄金法则的成功案例

让我们通过分析遵循这条黄金法则的人所享有的有形利益来检验这个原则。我们将从约翰·D.洛克菲勒的财富开始，其中大部分通过旨在促进文明的科学研究造福人类。

洛克菲勒秉承黄金法则的精神，继承了家族的崇高事业，宣布了如下信条：

我相信个人的价值至高无上，个人有生存的权利、自由的权利和追求幸福的权利。

我相信每一项权利都意味着责任，每一次机遇都意味着义务，每一种占有都意味着职责。

我相信法律是为人制定的，但人却不是为法律而造就的；我相信政府是人民的仆人，而不是人民的主人。

我相信劳动——无论脑力劳动还是体力劳动——是堂堂正正的。就生活而言，世界对任何人都不欠什么，但它却欠每个人一次谋生的机会。

我相信勤俭是井然有序的生活之必需，而节俭是健全的金融机制之根本，无论政府、商务或个人事务皆然。

我相信真理和公正对社会的长治久安至关重要。

我相信诺言是神圣的，一言既出，如同契约；我相信个人品质——而不是财富、权势或地位——具有至高无上的价值。

我相信提供有用的服务是人类共同的职责，只有在牺牲的炼火中，自私的渣滓才能被消除，人类高尚的灵魂才能被释放。

我相信爱是世界上最伟大的事物，我相信只有爱才能压倒恨，我相信公理能够而且必将战胜强权。

我们可以看见这里完美呈现了洛克菲勒如何将黄金法则作为这些信条的基础。洛克菲勒没有经济压力，所以他可以根据自己的信条创造和生活。可以推测他将黄金法则作为一切人际关系的基石，因为他相信这个原则的可靠性，并且这也给他带来了个人内心的满足。这种行动让他内心平静，也由此为他赢得了没有任何负面评价的公众声誉。

洛克菲勒的财富是否因采用这种"理想主义"而蒙受损失？洛克菲勒是否发现自己很难在按照黄金法则生活的同时仍旧拥有自己的财富？

我们查阅了洛克菲勒财富投资的商业记录找到答案。我并不熟悉所有这些国家，但我知道其中一些国家已经繁荣起来，并且无疑将继续繁荣下去。

以无线电音乐城为例，当洛克菲勒出资购买这块地时，这里的房地产只是曼哈顿的一个杂乱衰败之地。现在，它是美国公认的娱乐场所，魅力十足，每天吸引大量的人花钱前来参观。这片土地的租金比洛克菲勒家族接管之前的租金要高得多，它已经迅速成为纽约市的商业活动中心。

再以标准石油公司为例。洛克菲勒正是通过经营这家公司积累了大量财富。公司发展得好不好？去街上随便找一个人问，看他们是否想要持有标准石油公司的股票，你就会得到答案。

尽管石油行业竞争激烈，标准石油公司在该领域的排名仍旧很高。这家公司的产品享有如此高的声誉，因此无须在广告中夸大其词来开拓市场。标准石油公司在开发一流的商品方面为其他所有石油公司树立了榜样。并且，公众不断赞助标准石油公司，这种公众回应便是证明运用黄金法则能在商业上获利的最好证据。

编者按

1911 年，由于标准石油公司经营非常成功，美国最高法院强行将其拆分为 34 家公司。做出该决定一个多世纪后，人们仍在争论它的价值。但如今拆分后的主要公司都成为家喻户晓的公司，例如英国石油、埃克森－美孚、马拉松原油公司和雪佛龙。

据估计，如果没有这次强行拆分，标准石油公司现在的价值会超过 1 万亿美元。

洛克菲勒所有的公司都是商业界羡慕的对象。因为它们在运作过程中遵循了很高的道德标准，企业并未受到不利影响，相反，发展得枝繁叶茂，并且持续地繁荣着，尽管可能有些人认为在当今这个时代黄金法则是不现实的。

无论你找的是哪些例子，你都不太可能找到一个比洛克菲勒集团更严格遵循黄金法则的公司。它证明了黄金法则能够在不造成经济不利的情况下应用于现代商业，还证明了黄金法则能够在现代商业中成为一种强大的收益。

另一个例子是可口可乐公司，它利用适用于商业的黄金法则而繁荣发展，成绩斐然。两代人以前，这家公司在极其简陋的环境下创立。阿萨·坎德勒用一个大水壶、制作可口可乐糖浆的配方和一个搅拌糖浆的桨叶开启了他的事业。

这家公司一步一步地发展业务，至今已遍及全球。这家公司的繁荣发展，以至于许多负责发展的人都能从中获利，包括瓶装商和那些开着卡车将饮料送到经销商手中的人。可口可乐公司的股票一直是投资者的最爱。该公司被认为是美国管理得足够好的企业之一。我们听说雇员之间有一种团队精神，他们将企业看作一个能让人感到幸福的大家庭。每个人都报酬优厚，每个人都感到快乐。

1929 年大萧条侵袭时，可口可乐公司并没有像其他公司那样经受打击的痛楚。没有员工下岗，没有减薪，公司度过了这个艰难的时期，丝毫没有放慢发展的脚步。

与洛克菲勒公司一样，可口可乐公司的业务是基于对所有人公平的黄金法则的政策之上。公司发现，坚守这项政策就是最佳的企业经营理念。

编者按

世界上或许没有比沃伦·巴菲特更知名的投资者了。这位

"奥马哈的先知"以其逻辑性、考虑周全和对基本原则的热爱而闻名，他不仅是践行卡内基与希尔所推崇的所有其他经验的典范，他还是践行黄金法则的典范。因此，他能在 1988 年购买可口可乐公司 7% 的股份就不足为奇了。

1987 年股市崩盘前后的动荡时期，巴菲特猛攻这家公司，用有利的价格购买了大约价值 10 亿美元的股票。他认识到，尽管许多人在狂热地抛售股票，但是这家公司的基本情况仍然良好，而且在同类产品中，这家公司在全球享有无与伦比的品牌知名度。

如今，巴菲特和他的联合企业拥有可口可乐公司近 10% 的股份，它的股票目前的交易价格是每股 55 美元，这意味着它的价值是巴菲特最初投资的 22 倍，再加上股息——一个百分比的变化就成了 2100%！

也许，在商业中运用黄金法则最显著的例子是来自巴尔的摩市的味好美公司，它是茶叶、香料和药品的制造商和进口商。公司员工之间以及员工与管理层之间的关系结构被称为"多重管理"计划。1932 年，公司总裁查尔斯·P. 麦考密克发起该计划，它影响深远，给 2000 多名员工及管理层带来了有利的影响。

现在，我们能发现，整个公司全体上下大范围普及智囊团原则。自总裁开始往下，每个人都是真正的主人翁，或者是潜在的智囊团联盟成员，在多重管理计划下发挥作用。

多重管理计划提供了诸多好处，而且就我所知，没有任何令人不快的特征。我将列举它的一些好处。

该计划：

- 为每个员工提供明确的、强烈的动机，让他们在任何情况下都能做到最好，从而确保员工在公司的发展过程中获得精神与心灵的成长。
- 激发明确的目标。
- 通过自我表达培养自立能力。
- 鼓励所有员工之间友好合作，消除人们通常出现的"推卸责任"与逃避个人责任的倾向。
- 通过鼓励个人主观能动性培养领导力。
- 创造敏锐的思维和丰富的想象力。
- 在对个人非常有利的基础上，为个人抱负提供一个表达的出口。
- 让每个人都有归属感，从而使每个人都能获得认可。
- 激发员工对公司忠诚，确保员工对公司忠诚，从而消除员工的劳动问题。
- 让公司最大限度地利用员工的所有才能、创造力和创新致胜思维，同时根据这些人才的价值提供适当的补偿。

如果你不能提供超出付款范围的服务，凭什么要求增加工资？

——拿破仑·希尔

现在让我们来研究一下多重管理的工作计划，正如罗伯特·利特尔先生在《读者文摘》中写的有关人际关系中的黄金法则的故事一样：

前几天，有一位有野心的、非常能干的年轻朋友和我聊天，在我看来，他似乎有太多对美国企业经营方式的猛烈抨击。更重要的是，这反映了我们所有人一次次听说过的或者亲身感受过的事情。

"我总在付出一些公司看起来并不想要的东西，"我的朋友说，"管理层高高在上，我和他们根本没有联系。一开始，我试着提出一些建议，但马上就学会了闭上嘴巴，并照着指令去做。频繁的员工演讲中，总裁——他在电梯间里几乎都认不出我，却要求我要'忠诚'。"就好像忠诚是一条单行道，我不得不乞求那几次的加薪，而且他们还很勉强。但除了金钱之外，我还希望得到认可、自由以及对公司事务的一份归属感。上层的这种冷漠让我们很多新人陷入了一种"无所谓"的心态。我认为这比静坐罢工对公司的危害更为严重。

但巴尔的摩的味好美公司的员工肯定不会有这种抱怨。因为对于这家公司来说，通过多重管理计划，他们发现如何挖掘隐藏在人身上的精力、主观能动性和热忱，而这往往会被核心管理层所忽视，并学会如何争取那些愿意为之工作的人的心与头脑。

43 年来，这家香料、茶叶和提取品公司的生意一直由天才创始人威洛比·M. 麦考密克经营着。他在 1932 年美国大萧条最严重的时候去世了，他的侄子查尔斯·P. 麦考密克继承了他的位置。年轻的查尔斯·P. 麦考密克即便在当了 17 年的学徒之后，依旧觉得自己不能独揽大权，希望与那些能够学会承担责任的人共担责任。他希望改造这个陷入了常规的组织，恢复其独立性，让创造性的想象力在其间恢复运用，而那些一直对着一个人的决策说"是"的人，只用对了头脑的一半。

公司的董事会成员都是 45 岁以上的男性。他们的思维习惯都是过去的色彩，需要增加一些新的元素了。因此，多重管理应运而生。查尔斯·P. 麦考密克从不同的部门里挑选了 17 个年轻人，对他们说："你们是初级董事会。你们要对高级董事会进行补充，用思想完善它。请你们自行选出主席和秘书，讨论一切与业务相关的事情，书本及你们的上司都会向你们敞开胸怀。你们可以提出任何建议，但有一个条件，那就是意见必须统一。"

大量的精力与新想法释放出来，那些年轻人感觉自己是光荣的职员，并尝到了责任的滋味，大声呐喊并要求更多。到了一年半后，几乎所有初级员工提出的建议都被采纳了。

正是有了这么多的改进，味好美公司根本不知什么是大萧条。但比金钱更重要的是，初级董事会是一次非常成功的尝试。

我曾见证过初级董事会的行动：17 名年轻人围着一张长桌，每个人都迸发出想要把企业提升一个档次的想法。有些想法被笑着拒绝了，其他的则交由小组委员会做进一步研究，所有想法都在平等的氛围下经过仔细分析。空气中弥漫着自由，也有许多玩笑，但过后就是两年一次的"阴天"，初级董事会要选出 3 名新成员——之前要放弃 3 名被投票选为效率最低的候选人。

我看到公司董事会也投入了行动。这是初级董事会成功的必然结果。在大多数工厂里，工头或监督员整天与机器分隔在不同的地方，对管理部门的决策直摇头。但现在，他们有一个主席和秘书，每周开一次会，提出建议，研究解决方案，在经营企业中尽自己的一分力；在这种模式中，这里有的是讨论与同意，而非命令与服从。

每周六，这 3 个董事会都会开会。会议中头衔或者等级都被放下，实际上在味好美公司里它们几乎没有任何意义。这种良性互动，消除了同事之间长期以来的隔阂、部门之间的猜忌以及办公室政治。多重管理的逻辑很简单：40 个人，只要你能从他们头脑中获得东西，那么就比一个人强。

而且多重管理并不局限于董事会。以往，新员工的安置与晋升都是成败参半的，而且人员流动率也极高。但如今，每一位大有前途的新人都能立刻得到一位初级董事会成员的支持，后者的工作并不是要监督前者，而是给予他们一般性的建议——如果新人有要求的话。3 个月后，得到提携的新人每个月都会在不同的负责人下，要么被降回辛苦劳动的行列，要么挑选出来接受培训与晋升。对于初学者来说，这样的激励是无价的。

在这一点上，一些商界人士可能会问："这些成绩都很漂亮，制度很民主，但经济上有回报吗？"是的，它让公司获得了成绩：1929 年管理费仅为 12%，劳动力流动率下降到每年 6%，而年轻的员工的流动率比这个更低。圣诞节公司给普通员工发奖金，每一年都比过去五年更高，最低工资是经济最繁荣的高峰期时的 2 倍，也是巴尔的摩同类工作里工资最高的。工资总额比 1929 年高出 34%，但生产也同时提升了 34%。

经过三个委员会的共同努力，逐步发展出一项人事决定，这使得味好美公司成了非常开明的雇主之一。味好美公司每周的工作时长为 40 小时（9 年前是 56 小时），包括每天两段 10 分钟的休息时间，其间员工们能够在屋子里免费喝一杯味好美公司茶。这里没有计件工作，也没有催促。定期手动更换自动化机器，以缓解单调的工作。所有工作满 6 个月的员工每年都有一周的带薪假期。季节性高峰和低谷时间段已经稳定下来，一年只有 48 周。

它是我所知道的少数几家解雇与聘用工序同样烦琐的公司之一。要开除一名工人，必须有这位工人的 4 名上级签名，而通常他们会被工厂董事会传唤，允许他们为这位工人辩护。如果这个人离开之前还没有得到帮助以认识到自己离开是公正和必要的话，那么味好美公司就会认为自己犯了错。

在美国、加拿大和英国，有 160 多家公司引进了味好美设计的多重管理机制，这似乎是迄今为止对影响政商的中央集权、腐败和官僚主义最好的解答。

　　多重管理计划是为味好美公司员工服务的，因为它秉承了一种对人的理解与友好合作的精神。管理层首先贯彻这种精神，然后很快受到了员工的欢迎。

　　并且，显然，这种理解与合作精神使得公司的管理十分完善，因为它有效地组织并奖励了那些最基层的员工，与此同时，将不情愿与不合适的人从组织中剔除。这是一份聪明的计划，让每个人都有充分的机会，竭尽所能地推销他们的服务。虽然这个公司由2000多个员工组成，但每个员工的个性都得到了充分的展现，他们有机会吸引他人的注意力，就像在小公司里的情况一样。

　　正是如此，味好美公司的多重管理计划最终消除了长久以来大型工业组织的主要问题之一：人们在群体中会丧失个性。在此之前，只有勇敢者与进攻型的人才有机会在工作中吸引到他人的注意，推销自己。

　　大多数人努力工作是为了获得认可和一句称赞的话，而不是为了钱。没有人喜欢自己是一台巨大机器里的一个小齿轮的感觉。工业发展的最大问题就是它开发出来，人们别无选择，因此自觉并不重要。无论是管理层还是公司的员工，都被剥夺了工业领域里最大的资产——如味好美公司里的友好协作精神。

　　那么如何才能保存这种精神呢？

　　查尔斯·P.麦考密克在他的多重管理计划中给出了这个问题的答案。将这份计划简化，你会发现其组成部分就是适用于工业领域的黄金法则。

　　通过运用黄金法则，味好美公司重新为这个行业注入了灵魂。此外，如果这家公司出现了任何无法解决的经济问题，都会让我非常惊讶。因为当一群人以和谐的精神汇聚他们的思想时，为了达到一个明确的目标，他们总能找到实现目标的方法。

　　显然这个计划对于公司来说是有利可图的，正如公司财务记录所展现的那样，但我们不要忘记一点，这对于每个员工来说也是有利可图的，因为这种精神也适用于公司的外部合作。因此，这个计划能带来巨大的公众利益，因为它鼓励公司员工无论是在私人还是社会上与他人打交道的时候都运用黄金法则。

可以肯定的是，如果这个国家每个行业都实施这个计划，那么美国式的生活方式就不会因信奉颠覆性的哲学而有被毁灭的危险。实际上，黄金法则精神给个人带来的好处比其他任何哲学都要多。

工业时代给人类带来了各种各样的问题，整个人际关系系统正经历着迅速的变化。我们无法预测这种变化将会产生什么样的制度，但我们确实知道，首先，它必须基于共同的体面这一基础；其次，它必须让人们有机会以友好合作的精神自愿共同工作。它必须对所有人保持公平，不允许用任何借口对任何个人或者人群进行剥削，而且最重要的是，它必须像多重管理计划那样，给予人们主观能动性充分而自由的表达。

谨记，任何制度都无法持久，除非它是建立在"自己活也让别人活"的黄金法则哲学上。这个哲学，无论在什么地方，只要人们怀着真诚的目的运用它，就从未失败过。

雇员与雇主之间产生诸多问题，带来的其中一个难题是工业变得如此庞大，以至于许多人为因素被忽视了。雇主和雇员都应该认识到，利用类似多重管理计划这种关系模式调和人际关系的必要性。

人们感到不自由是因为他们：

- 害怕对方。
- 缺乏相互信任。
- 无法在工作中发挥个人主观能动性。
- 必须通过"专业人士"与他人讨价还价，而在争议尚存的时候这位"专业人士"获益最大。
- 必须为拥有一份工作的特权而付出代价。

- 不能像味好美公司的员工那样，雇主和雇员坐在一起解决彼此的问题。

　　未来，美国在很大程度上要依赖于这么一种体系，那就是领域里的雇员和雇主需要互帮互助地联系在一起。

以黄金法则为基础：
管理层—员工关系

据估计，美国每10个人中就有9个人直接或间接地从美国工业活动中谋生。因此，重要的是，那些经营庞大的工业企业者，包括管理层和员工，都应该采取共同的立场，这样他们才能和谐地工作，我们的国家才能保持繁荣与自由。

让我们盘点一下那些与劳资关系有直接利害关系的人：

（1）各行各业中将自己的积蓄投资于工业公司股票的人。

（2）负责监督运营的管理人员。

（3）从事体力劳动的熟练和非熟练工人。

（4）消费产品但不直接参与商业活动的公众。

（5）负责有关工业关系和商业政策立法的立法者与政府官员，由这些人组成的政府组织获得工业税收支持。

（6）数以百万计的专业人员在供应链条上的公司里工作，如农民、店主和其他向本行业及其雇员销售产品与服务的商人。

这是6个不同的群体，以和谐的精神维护着我们工业体系的既得利益。6个群体之中的每一个人都会受到工业命运的影响。如果工业要生存下去，每个人都应当承担起在这6个群体中维持和谐的责任。

但有远比6个群体中任何一个人的利益更加利害攸关的东西，

那就是民主在经受着考验，群体里的每一个个体都必须维护群体的民主，无论他们个人的观点或利益是什么。

> 随时行善，不期待回报，
> 相信说不定有天会有人对你做同样的事。
>
> ——戴安娜王妃

如果美国的生活方式要继续存在下去，工业要继续维持下去，那么这 6 个群体中的每一名成员都应当采用并践行黄金法则。成员之间的相互关系必须以一个高于工资和个人财富积累的角度来看待，必须从影响人类创造目的的角度来看待。

资本与劳动力对彼此来说都是必不可少的，他们的利益是如此紧密相连，以至于难以分开。在一个文明的国家里，资本与劳动力是相互依存的。如果非说两者之间有什么区别，那就是资本对于劳动力的依赖大于劳动力对资本的依赖，因为人们没有资本也能活下去。

没有人能够仅仅依靠财富就能生活下去，他们无法吃掉自己的金银，也不能用财产、股票或债券当作衣物。资本离开了劳动力什么也做不了，它唯一的价值在于它能购买劳动力或劳动成果，资本本身就是劳动的产物。

但是，劳动力也无法脱离资本而存在，几千年来，劳动力成为商品和货币转化为资本，这一直作为购买生活必需品的交换手段。随着我们需求不断增加，文明不断进步，我们越来越依赖他人。每个人都有自己的专业，每个人在专业上都能做得更好，因为他们把精力投入到自己尤其适合的领域。因此，他们对公共利益的贡献越来越大，当他们在为别人工作的时候，别人也在为他们工作。

这就是无私的生活法则，在物质世界中无处不在，凡从事有用工作的人，都是慈善家、公共领域的施予者。放在众多个人口袋里的几美元力量是微弱的，但把它们汇聚起来，成为我们所说的"资本"就能推动世界，给我们的人民一个施展才华的出口，同时还给世界带来了前所未有的经济自由。

尽管一些煽动者和劳动力剥削者在声讨，但劳动力的条件仍在不断改善。美国普通劳动者享有的便利和舒适，是一个世纪或者更短时间与以前，皇室出生的王子所不能也不曾拥有过的。现在，他们穿得更好了，也有更多种类的必需品和奢侈品，住得更舒适了，还有很多在几十年以前用钱也买不来的家庭便利设施。

不管我们属于哪个群体，我们都享有共同的纽带。富人与穷人、学识渊博与浅学之人、强者与弱者，在美国的生活方式下，交织在一个社会与公民互联的网络中。伤害一个人即伤害所有人，正如帮助一个人就是帮助所有人一样。

但是，资本的好处不仅局限于满足当前的需求。通过科学研究，资本为劳动开辟了新的途径，提供了新的收入来源。它还是投资发展智力与精神文化的主要手段。书本数量以不断降低的价格而成倍增长，最基层的人也能得到最好的教育。报纸只收取象征性的费用，就把世界历史带到家门口，而收音机则免费为最贫穷的人家提供每日新闻与古典音乐。

资本不能在不造福众人的情况下用于投资任何有用的产品。它让生活的机器运转起来，增加就业，并将各国产品以人们能力范围内的价格呈现在每个人面前。

如果资本能提供所有这些服务，而且如果资本被劳动所用并从中获取价值，那么为什么两者之间只能有冲突呢？

劳资之间的冲突并未具备真正的根据，这种冲突源于双方仅看到了真相的一半。他们错将这部分当作真相的全部，这种错误对双方来说都是灾难性的，尽管这种误解也常常源于那些在劳资意见不一致的获利最多的煽动者。

编者按

2005 年，土耳其移民哈姆迪·乌鲁卡亚将原先位于纽约州北部的卡拉夫特（Kraft）制造厂改造成他所创办的酸奶公司乔巴尼的主要制造厂。11 年后，大规模裁员持续挫败经济，仅仅在 2016 年就有超过 50 万美国人失去工作，但这家公司却逆势而上。尽管当时看起来希望渺茫，但这家酸奶公司的年销售额依旧超过了 10 亿美元，并觉得是时候回报那些帮助它走到这一步的人了。

乔巴尼将公司 10% 的股份赠予了 2000 名员工，公司估价 30 亿美元，所以这是一笔可观的奖金，在公司付出最长时间的员工所获得的奖金最多。乔巴尼公司还曾每年将 10% 的利润捐赠给慈善机构，并声称自己有 1/3 的员工是难民。

在声明中，乌鲁卡亚和他的同事们一起庆祝，说道："我们曾一起共事，现在我们是合伙人。"这份出人意料的礼物不仅为了奖励那些让公司事业繁荣发展的人，还为了帮助解决公司高管与员工之间日益拉大的薪酬差距，同时承认公司的员工是平等的，大家都和谐一致朝着共同的目标工作。

不久后，乔巴尼公司的首席执行官说："我做了一件从未想过会如此成功的事。但如果没有这些人，我无法想象乔巴尼公司会这么成功。现在，大家都在努力地建设公司，更多地也是在建设自己的未来。"

热忱使人头脑失控，蒙蔽理智。当热忱燃起，人们会让自己的利益蒙受损失，违背自己的判断，伤害他人，还让双方受损。毫无疑问，冲突会持续下去，直到双方都发现自己错了，意识到彼此之间的利益是相互的，而这些利益只能通过友好合作并给予双方应得的回报才能得到充分保障。

罢工和停工都不能解决劳资双方的根本问题，因为不论是哪一方暂时获益，从整个社会看来都不过是双方均蒙受损失。暴力和威胁并不能有效解决这些矛盾，而情绪爆发，无论是以炸药爆炸般的形式呈现，抑或展现为一种更具毁坏性的、不受控的激情力量，都无益于治愈或制服任何一种敌对情绪。

我们不能，也不应该指望立法能解决雇主与雇员之间的冲突。或许一方能够在一段时间内通过这种法律获得好处，但无论其中一方通过法律获得了什么，都会最终在由此产生的紧张关系中失去。

你不要觉得自己没有做某些事情的资格或能力，因为你具有与众不同的经验，这可以帮助你找到新的解决方案和方法，这可能是你最大的优点。

——萨拉·布莱克利

劳动者与领导者之间存在着一种无法通过立法加以改善的共同利益。失去对方的繁荣发展，任何一方都无法持续繁荣下去。世界上的一切规则皆无法改变这一点。让我们每个人以黄金法则作为自己的指导原则吧。如果有 10% 的人践行这条黄金法则，那么它将对世界产生深远的影响，90% 起草的法律都将是多余的。

黄金法则是一个简单的行为原则，适用于每一种人际关系，对每个人都有利，也不会伤害任何人。我们已经成为众人皆知的"富有进取心"的国家！难道让世人知道我们是一个"乐于助人"的国家，不是明智的选择吗？

因此，我们应该从以下步骤开始做起：

- 不要试图改变他人，而是努力改变自己。
- 与其说教，不如用行动表达你的信念。
- 少强调"不做"，多强调"做"。

只有你树立起来榜样才能改变你周围人的习惯。从改善你与周围人的关系开始，不要在意他人的缺点，而要注意改进自己，因为这些都是你所能控制的，你可以自由地改进。例如：

- 如果你的性格很消极，你可以改变它。
- 如果你的心态很消极，同样你也可以改变它。
- 如果你的工作性质让你不方便，或者无法付出更多或付出得更好，那么你至少可以让自己处于一种愉快的心态，这会增进你与其他人的友谊，并让你的付出获得更大程度的赞赏。

当你的精神状态发生转变的时候，你的生活环境也会随之改变。你就会发现这个时代伟大的秘密，这个奠定了所有伟大成就基础的秘密，太多的美国人民已经丢掉了这个秘密。

这个秘密就是：**当我们无私为他人付出的时候，我们往往能够发现通往内在的力量，而这种力量正是所有个人成功的基础。**

要找到自我，我们首先必须先失去自我。当你发现这个秘密时，你就不再被他人的敌意所累。不和谐与冲突将从你的生活中消失，你会体验到超越理解的内心的平和。

你会意识到，你过去所经历的烦恼都是自找的。你也会知道，你解决问题的方法就在自己的掌握之中。

此外，还会发生另外一件奇怪的事情。你会发现自己拥有：

- 曾经因自己的不理解而忽略掉的幸福。
- 很高程度的民主所带来的自由的幸福。
- 自由发挥个人主观能动性的幸福，因为它，你能从事自己选择的事业。
- 言论自由的幸福，因为它，你可以自由地表达想法而不用担心受到报复。
- 在一个富裕的国度里为其人民提供了人类文明所知的高生活水平所带来的各种各样的幸福。

你可以阅读那些被世界公认为伟大人物的传记，并亲眼见证他们运用黄金法则过着一种无私的生活，并且成就了自身的伟大。你可以效仿他们。为了便于你阅读一些人物传记，了解他们的无私精神如何使世界不朽，我想在此举些例子。

路易斯·巴斯德因其在化学和细菌学方面的研究而闻名。他发现了预防和治疗身体疾病的新方法。他本可以利用这些发现为自己谋取很大的利益，但是他将其无偿地献给了世界。

威廉·佩恩对人类心理的洞察力十分敏锐，英国殖民者早期居住在英殖民地时能与印第安人和平共处，用黄金法则与他们打交道，相互友好合作。

本杰明·富兰克林运用黄金法则，为他在法国和其他欧洲国家打开了外交关系的大门。美国独立战争期间，这种合作很可能促进了大国间的均衡，最终使乔治·华盛顿的军队在约克镇取得了最后的胜利。

西蒙·玻利瓦尔领导的军队最终赢得独立的国家。玻利瓦尔先生慷慨地为自由事业而献身，并将巨大的个人财富用于其中，也许他是整个南美洲运用黄金法则为公众做贡献的最伟大的例子。

克里米亚战争中，弗洛伦斯·南丁格尔无私地护理伤病员，她的事迹深深地印在了所有了解她故事的人的脑海里。尽管她周围疾病肆虐，并且自己长期患病，但她仍然忠实地坚守岗位。战争结束后，南丁格尔女士致力于传播健康与护理知识，至今这些知识仍在造福着世界各地的病人和伤患。

范妮·克罗斯比尽管在出生后不久就失明了，但是她仍然毕生致力于创作不朽的歌曲，并通过演讲传播善意。她创作了8000多首关于希望和爱的歌曲，安慰全世界各地的人们。虽然无法享受阳光，但是克罗斯比将她的内心希望与信念之光分享给了千千万万的人，用黄金法则深深感动着人们。

约翰·查普曼因美国早期边疆的"苹果籽约翰尼"而闻名，他在拓荒者抵达之前就种上了苹果的种子，那里长满了苹果树。

雅各布·里斯是来自丹麦的移民，来到美国后，他将一生大部分时间用于改善纽约贫民窟的生活条件。尽管时任纽约州州长和美国总统的西奥多·罗斯福都提出要任命里斯担任要职，但他都拒绝了，理由是他忙于帮助邻里，所以无法进入政界。

克努特·罗克尼是圣母大学足球主教练，他在执教过程中的公平与公正的体育精神，使得圣母大学足球队登上全美的头版新闻，并为田径运动中的黄金法则确立了一个前所未有的高标准。

银幕和舞台"圣人"威尔·罗杰斯因其简单朴实的哲学和冷幽默成为美国亲善大使。尽管他的收入不菲，但可以诚实地说，他的笑料严格遵循着黄金法则精神，因为他从来不会为了获得掌声，而把欢乐建立于不公平或会带来伤害的讥笑之上。

威尔弗雷德·格伦费尔爵士无私地为现在加拿大纽芬兰和拉布

拉多省的人民福祉奉献了42年。大多数居民都是当地的渔民，在医生到来之前，他们从未见过训练有素的医生。受到一种对弱者和无助者的慷慨之爱的鼓舞，格伦费尔爵士帮助这些北方渔民，在加拿大、英国和美国人民的合作下，筹集了足够的资金建立了6家医院、7个护士站，并建造了4艘轮船。除了提供医疗保健，格伦费尔爵士帮助人们种植可以在寒冷气候下生长的蔬菜，促进均衡饮食，预防坏血病。

熟悉这些以及其他为人类文明做出无私贡献的人的故事，你就会坚信，所有遵循黄金法则的人都能拥有充足的机会。

你也会坚信，不是西方世界的经济体制需要改变，而是人的心态未能认识到这个系统所带来的好处，对每一个愿意做出有益贡献的人，无论付出的形式是什么，它都提供着机会。

恐惧不能阻止死亡。它会阻止生活。

——纳吉布·马哈富兹

味好美公司的员工并没有抱怨美国的生活方式，因为他们找到了一种切实可行的方式，通过有效的付出，让美国的生活方式给自己带来物质上的成功。查尔斯·P. 麦考密克发现，除了那些维持它的人感到不适应之外，美国的工业体系没有任何问题，而且他忙于纠正公司员工之间的关系，而不是对系统吹毛求疵。

如果味好美公司能在美国工业体系下有效而愉快地调整人际关系，那么其他人也能做同样的事，就像他们中的一些人正在做的那样。

查尔斯·P.麦考密克开始重新调整他所在行业的关系，为每一个从最优秀的到最基层的工人提供一个充分的动机，让他们尽最大的努力，以最好的心态投入到企业中。正如卡内基所强调的，一个人做的每件事都是基于某种动机的。正如味好美公司所证明的那样，如果动机是建立在施与受、自己活也让人活的黄金法则哲学上，那么就不会有什么东西能让人类之间的关系失调。

黄金法则的特点是，任何遵循它的人既不能欺骗，也不能被欺骗。这条规则能在一切人际关系中起着公正的平衡作用，这样每个人都能从他们给予的东西中得到相应的回报，无论是质量上还是数量上。我们不要忘记，黄金法则能让一个人在没有诉诸武力、立法强制或法律措施的情况下，就能得到自己应有的权利。那些按照黄金法则生活的人会觉得律师的服务没有什么用，他们也很少觉得有必要借助数字的力量来保护自己的权利，或者实现自己的公正。

巴尔的摩的味好美公司执行了多重管理系统一段时间后，工会代表来到工厂，并宣布自己被派来组织工人活动。现在，让我们请味好美公司总裁，查尔斯·P.麦考密克先生来讲述发生的事情吧。

一个工会代表来到我的办公室，宣布自己被选为代表，组织我们工厂里部分工人的活动。我说请便，他想去哪就去哪，但一定会发现自己在浪费时间和精力。然后我告诉他我们工厂运行和对待自己人的方式，并对他保证，如果他能告诉我们如何为自己的员工做得更多，我们一定会欣然接受他的建议，只要在商业组织承受的范围之内。他问了我几个问题，我都诚恳地回答了。然后，他考虑了一段时间后，回复说他认为自己来组织我们工厂员工活动是不值得的，他会向他的上级报告这一情况。

当雇主和雇员之间运用黄金法则基础相处的时候，他们就无须外部干预解决他们之间的问题。味好美公司拥有最伟大的联盟，管理层和雇员都热烈欢迎的联盟。这个联盟极力保护着其中的每一个个体，没有任何一个外部的组织能比得上它。这个联盟的信条可以在"登山宝训"中找到，它描述了所有人际关系中最重要的原则——无论何事，你们愿意他人怎样对待你们，你们也要怎样对待他人。

编者按

美国食品巨头味好美公司成立于 1889 年，但其独特的管理风格确保其快速崛起。这家食品制造商目前拥有 1.2 万多名员工，为 150 个国家的客户提供服务，年销售额超过 50 亿美元。

自 1932 年查尔斯·P. 麦考密克建立了多元管理计划以来，公司文化是否发生了改变？绝对没有。事实上，味好美公司已经在其坚实的基础上，建立了 13 个地方董事会、3 个地区董事会和 1 个全球董事会，保证公司能够持续为顾客、员工和供应商等增加价值，与员工大使组织一起合作，为所有的员工提供一个交流与协作的平台。

它的人事管理风格赋予了公司每一个人机会，让他们在共享公司利润的同时，与最高级别的高管一起，解决一些最棘手的挑战。除了提供发展机会，它确保了管理层和前线人员之间的接触，保持味好美公司在全球食品制造业务的领导地位。

自 1982 年以来，味好美公司的股价从刚刚超过 1 美元一股发展到现在的超过 160 美元一股，涨幅超过 15000 个百分点！每个参与者都是赢家。

几年前，在肯塔基州的路易斯维尔，有人惊讶地看见一个人从商店里冲出来，他自己坐在轮椅上，并且领着一个盲人穿过一个繁忙的街角。坐在轮椅上的是李·W.库克。他生来双腿无法行走。可是经过调查发现，库克先生不仅以自己的方式生活着，还成了一家成功企业的掌门人，并由此积累了相当可观的财富。

说到自己的人生哲学，库克先生说：

我从不认为自己遭受痛苦的折磨，因为我还能看得见，环顾四周，很多人都不如我。一生中，只要有机会，我都要为那些无助的人做一些好事。我记不清自己曾经从这种帮助中直接获益，但是世界待我友善，因为我的成功远远超出了像我一样遭遇的人的期望。我对别人的善意是一种对自己幸运的愉悦表达。

我经历过最神奇的事情是我送一名年轻人上医学院。他家太穷，无法支付他的生活费，但是这名年轻人决心成为一名医生，于是我帮助了他。许多年过去了，他从人们的视线中消失，好像已经忘记了他的恩人。

一天晚上，我离开店铺，推着轮椅来到路中间，因为我觉得路上没车。但是突然，一辆汽车极速拐弯，直冲我来，如果当时没有人冲出来把我拉到人行道上的话，我一定无法毫发无伤地脱离危险。救我的那个人就是我送去上医学院的人。他刚好来我的店，想告诉我他已经在另一个城市定居下来，生意做得很好。我把他带回家过夜，我们一直聊到深夜。我才发现，他一直在通过送两个年轻人上医学院来偿还他欠我的债。因此，你看，当一个人种下仁慈的种子的时候，它就会发芽、生长、繁殖、传播，就像野草的种子一样。现在我发现，我不是在帮助一个年轻人完成学业，而是帮助了三名年轻人接受教育。

有时候，我帮了一些不值得帮助的人。但那是他们的不幸，而不是我的不幸。因为我得到的好处是，我不能欺骗他们，因为这些都成了我性格的一部分。

我记得有一次，我给了一个老人 1 美元，因为他一瘸一拐地走进我的店里，告诉我他很饿，失业了。他只要了 1 美元。等他离开时，我注意到他的脚并没有走进来时那么"瘸"，所以我决定跟着他，看看他把钱花哪了。我没有跟得很远。

他径直走到最近的一家酒吧，一点也没有跛脚的迹象，走到吧台跟前，把那 1 美元砰的一声扔下去，吩咐酒吧老板拿一杯等价的威士忌。我等他喝光了头两杯，然后我把轮椅推了进去，这或许是他人生里最大的意外。

我并没有责备他的欺诈行为，而是示意他到角落里来，让他弯下身子跟我说句话。然后我又掏出了 1 美元递给他，轻声说道："这 1 美元不是因为你的诚实才给的；这是你的耻辱，因为你对一个瘸子撒谎。如果你告诉我真相，我会慷慨地给你 10 美元，就像我给你的这 2 美元一样。"

那个人从我身旁退去，瞥了一眼留在吧台上的酒，然后向门口冲过去。从那以后，我再也没有见过他，也没有听说过他。

在讲述这个故事的时候，库克先生开怀大笑，然后解释说，他已经练就了一种敏锐的幽默感，让自己能够容忍几乎所有人类的弱点。

或许我应该戳一下那个老家伙的鼻子，但这会比多给他 1 美元的效果要差。此外，我人生哲学的一部分，就是把许多经历转化为笑声。如果我把它们当真的话，可能会落泪。但我永远感激自己被剥夺了双腿，而不是眼睛，因为我发现如果失去双眼，自己很难对任何人做出评判，不管他有什么弱点。

库克先生在商界大获成功也就不足为奇了。他向每一个人都发出善念，一有机会就做善事。于是黄金法则这个"和谐的吸引法则"自会发挥作用了！

你能让别人以你希望的方式对待自己，而在此之前你得先如此对待他人。

——拿破仑·希尔

多年来，每次圣诞节，路易斯维尔的人们都习惯看见库克先生在城市的某个出租公寓区里，牵着骡子拉着一辆装满圣诞食品篮的马车。他每年都会分发 100 个这样的篮子，亲自送到最贫困的家庭，尤其是有小孩子的家庭。每个篮子里都装满了丰盛的圣诞晚餐所需的食物。他从来没有问过那些被他送过篮子的人的名字，也没有告诉过他们自己的名字。但是每个篮子里都有这么一张卡片，上面简简单单地写着：

敬赠一个爱着自己社区的人。

没有说教，没有宣传，没有试图羞辱接受他慷慨赠予的接受者。这个人的名声传到四面八方，并且财运亨通。

"古怪的感情用事！"或许有人会惊叹。嗯，也许是这样，但不知为何，我们想知道，如果我们其中一些不那么"古怪"或"感情用事"的人能够效仿库克先生，以他为榜样，开始去付出，而不是把我们最好的精力花在索取上，那么会发生什么事情呢？如果每个社区都至少有一个像库克先生这样的人，这个世界会不会更加美好呢？库克先生在很少人知道的地方播撒善良的种子，并将其作为自己的事业。

下面有一个很有趣的故事，讲的是一名律师受一名吝啬的人委托，去向一对没有多少财产的老夫妇讨债。

"不，"这位律师对自己的客户说，"我不会把你的要求强加给这些老人。你可以让别人来处理你的案子，或者撤销你的索赔，你自己看吧。"

"你真的以为他们没钱吗？"客户问。

"他们或许有些积蓄，但那不过是卖了这位老人和他妻子称之为家的小房子赚来的。但我无论如何都不想参与这件事。"

"哦，你是吓坏了，嗯？"

"根本不是，是一种比恐惧更深的东西阻止了我。"

"我猜想是那个无赖老头苦苦哀求饶了他了吧？"

"嗯，是的，他这么做了！"

"然后你的膝盖就软了，屈服了？"

"是的，如果你这么想的话！我屈服了。"

"你这么做到底为了什么？"

"嗯，我想是因为我了解了真实的情况之后，我流泪了。"

"那个老头苦苦哀求过你？"

"不，我可没这么说。他一句话也没和我说。我很容易就找到了他们的小房子，敲开外面的门，门半开半掩着，但是那里没有人认识我，所以我通过小厅，从门缝里看见一个舒适的客厅，一位满头银发的老太太在床上，和我最后一次见到母亲生前一模一样。嗯，我正要敲门的时候，只听到她说：'来吧，孩子他爸，现在，开始吧，我准备好了。'这时，一位白发苍苍的老人跪在她身边，据我的判断，这个男人比他的妻子还老，我无论如何都不能在那个时候去敲他的门。"

律师继续说道："对他们来说，在这把年纪无家可归是很艰难的，尤其是在可怜的老太太生病无助的情况下。哦，如果他们的孩子有一个能够幸免于难，情况就会大不相同了。接着，他的声音又有些哽塞了，一只苍白的手从被单底下悄悄伸出来，轻轻地抚摸着他的白发。然后他继续重复地说着，没有什么比和自己的三个儿子分别更让人痛心了——除非她也要和自己分别。"

律师比之前说得更慢了："而且我感到，我宁愿今晚自己去济贫院，也不愿这样起诉玷污我的一颗心与一双手。"

"不忍心破坏老人的祈祷，是吗？"

"天哪，老兄，你不可能打败它的！"律师说。

"我真希望，"委托人不安地扭动着身子，"你从来没有告诉过我这位老头的祈祷。"

"为什么？"

"嗯，因为我想要这个地方给我带来金钱，我希望你一个字也没听到，下次我也不想再听到这些不应该让我听见的请求了。"

律师笑了。

索赔人一边说，一边用手指揉搓着索赔文件。"如果你愿意的话，你可以明天早上打个电话，告诉他们索赔已经完结了。"

"以一种神秘的方式。"律师补充道，笑着。

"是的，以一种神秘的方式。"

当美好的情感从人心退去时，人际关系就会变得冷酷、机械和唯利至上。

毫无疑问，感情用事往往伴随着金钱收益的损失，但是有些人更看重另外一种收益，这种收益比金钱或金钱能买到的任何东西都更加重要。那就是我们与自己良心的和谐共处，当我们知道自己没有故意伤害任何人，乐于助人，并意识到与我们产生联结的人重视自己说的话时，我们会发自内心地散发出满足的光芒。

有些人可能认为，这种哲学主要是为了让人们累积物质财富。虽然这也是事实，对于那些掌握并运用这一哲学的人能够毫无困难地积累丰富的物质财富。但是卡内基在研究这一哲学时的主要目的，是要帮助人们幸福地生活，以和谐的方式协商他们的生活方式。他意识到，人们可以获得的财富远比金钱所代表的价值要更大。他在去世之前，将大部分巨额财产都捐了出去，这个事实就表明了他自己对金钱的态度。

卡内基认为，自己财富的很大一部分由这种人生哲学构成的，他也意识到，这类哲学足以满足人类一切所需。他在人生晚年能按照自己所愿度过最后几年的时间，决定协助准备这份关于个人成功哲学资料的人。他选择在最后的人生阶段帮助后来人。

卡内基的生活应当为我们其他人在选择通向幸福道路的时候提供了一个重要的线索。金钱所能提供的一切，他都拥有了，但他却放弃了大部分物质财富。这应当向我们其余人展现一种想法：我们应当花大部分时间做出有用的贡献，并从中获得幸福，而不是积累出我们眼前所需要的物质财富。

我不属于那种认为住在楼阁里过着牺牲式生活就是拥有美德的思想流派，压根不是！我相信理性的富裕，但我并不相信以牺牲幸福为代价的富裕。

任何人在发现自己耗费大量时间只为了维护自己的物质财产时，你就可以合理地推断，他们活得并不舒心，尤其是在与自己和与邻居的关系上过得并不舒展。当人们因为物质财富而获得从事自己所选择职业的自由时，也给自己套上了枷锁。我提出这个说法并不是出于说教经验，而是实际的经验，这个说法来源我对许多人的细致观察。这些人为财富所禁锢，直至与他们认识的每一个人都失去联系，无法享受美好的人际关系。

幸福是你所想的、所说的和所做的和谐统一。

——圣雄甘地

我的心里也想着，整个世界正处在一种奇怪的历程当中，似乎惩罚着整个人类，因为人们普遍崇拜物质。我无法甩开一种感觉，那就是在未来，世界将看不惯那些把整个生活投入到物质财富的累积中，却牺牲了做好事，帮助那些不如自己幸运的人获得更公平的那部分生活必需品的机会。

我相信我深知我们的物质世界有什么问题。卡内基也知道问题出在哪里。所以他给我们开了"解药"，希望促成这套哲学体系的推广，因为他意识到人们需要运用更系统的知识和谐地生活，而不仅追求物质财富的积累。

回 顾

最好的安全感是发自内心的个人安全感。

——安德鲁·卡内基

恭喜你读到了这里！

我们总是尝试许多，却完成得很少。因此，你应该为自己表现出足够的自律阅读完本书而感到非常自豪，如果你能正确地理解和践行本书的内容，那么它将彻底改变你的生活。

很有可能你的头脑嗡嗡作响，我每次阅读本书的时候也是这样的。本书通过希尔和卡内基两人之间引人入胜的对话，用编者说明的方式，涵盖了一整套议题，包括经济独立、人际关系、教育、职业发展和企业管理等。

你也会受到一些故事的鼓舞，它们讲述了一些人在不可克服的困难中站起来，朝着成就、自由和成功前进。你已经看到了世界各地的几家公司，是如何运用本书所信奉的几个原则和方法，为他们的客户、员工和股东创造巨大价值的。

这些教导可以分为 3 个全面的主题：

（1）自律：掌控自己的思想。

（2）从失败中学习：每一个逆境都孕育着对等的馈赠。

（3）运用黄金法则：对待别人就如你希望别人如何对待你一样。

你还记得本书中提到的第一句引言吗？也许你已经注意到它和本节顶部内容是一样的：最好的安全感是发自内心的个人安全感。

卡内基的这句话鼓舞人心，增强了我们的力量去创造我们想要的任何环境。我们有多少能量用来抱怨事情有多糟糕，就有多少能量在重新引导下去创造我们生活中想要的东西。我们对自己所处的环境越负责，我们就越有能力去改变它们。

当你发展出内心的个人安全感，并寻求为越来越多的人做出贡献的生活方式时，你将带着自信、善良和乐于助人的光环。当然，这也激发你学习了伟大的一课——得到的最好方法是给予，激励你做出更大的贡献。最终，你会注意到，机会频繁地来到你身边，而不是你不断地在寻找机会。

既然我们读到这里，那么下一步是什么呢？好吧，是时候让你自己的智力爆炸了！你已经被正式列为伟大的变革者之一，这个组织从卡内基开始，由希尔和无数受其影响的人（包括我自己）延续下去，现在到你了。

你有责任在你的范围内——为你们的家庭、社区和世界高举火炬，以身作则。如此一来，你作为榜样将会激励周围的人，因为我们试图认识并释放地球上每个人的潜力。如果我们能做到这一点，那么我们终将获得广泛的和谐，卡内基和希尔的使命也将完成。

过去发生什么都不重要，不管有多痛苦。我向你保证，你比你所面对的任何逆境都要更坚强。有一点要记住，当你每天面对抉择的时候，这些抉择都会决定你的人生，起到一定作用与影响。

保管好本书，这样你就可以在需要重温的时候再次阅读。如果我在你的人生旅程中能提供什么帮助的话，请告诉我。

詹姆斯·惠特克

你有成功的意识吗？

本书让我们能与安德鲁·卡内基和拿破仑·希尔坐在一起，听他们讨论所有个人成功背后的真相。作为卡内基和希尔的终身学生，我为从本书中获得的额外认识感到惊讶，它的确是培养成功意识的路线图。

在希尔的整个工作中，强调明确的目标是取得个人成功的第一步。没有明确的目标，你很容易成为自我设限想法的牺牲品，比如"我不够好"或者"我不值得"，又或者"他说得可轻巧"。这些想法都为恐惧打开了大门，让恐惧控制了我们的思想和行动。这种恐惧能麻痹我们，并阻止我们获得自己应得的成功。

希尔在他的书中《战胜心魔》（*Outwitting the Devil*）探讨了恐惧的破坏性影响，并引入了"随波逐流"的概念。在书中，心魔对随波逐流的定义是：

"随波逐流"的最佳定义是，独立思考者从不会"随波逐流"，而那些很少独立思考或压根儿不会独立思考的人全是随波逐流者。随波逐流者是那些任由自己被自己的思想以外的外在环境影响和控制的人。他宁愿让我占领他的头脑，替他思考，也不愿费力靠自己思考。随波逐流者是那种生活扔给他什么，他便接受什么，不去反对，也不做抵抗的人。他不知道自己想从生活中得到什么，把所有时间都花在为此思前想后上。随波逐流者主张颇多，那些主张却不是他们自己的，其中绝大多数是我灌输给他们的。

希尔重申，拥有明确的目标是克服随波逐流的第一步。首先要掌控我们的思想。我们的每一个想法都成了我们的一部分。通过扫除头脑中一切失败的想法和自我设限的念头，我们便能将恐惧转化为信念。当我们与自身的思想和良心融洽相处时，真正的信念就会进化。希尔认为，这种信念是一切天才的源泉，也是培养成功意识的必要条件。

为了帮助我们实现这一目标，卡内基和希尔分享了实现我们最大潜能的三大重要步骤。它们是：

（1）培养自律。

（2）从失败中学习。

（3）践行黄金法则。

虽然定义很简单，但是要养成这三种习惯需要极大的注意力、努力与意志力。卡内基和希尔分享了意志力的重要性，以及它在培养自律以掌控自我生活中的重要性：意志力是一种工具，我们能用它关上我们希望永远抛在身后的任何经历或处境的大门。拥有了这一工具，我们就可以向我们选择的任何方向打开机会之门。如果我们尝试的第一扇门很难打开，那么我们就会尝试打开其他一扇又一扇的门，直到最终找到一扇会屈服于不可抗拒的力量的大门。

我的听众时常问我一个问题："在你的生命中，会不会有一扇门需要你关上，这样其他的机会之门才会打开？"

但希尔和卡内基更进一步："这扇门应当紧紧闭上，并且牢牢锁住，这样就不可能再被打开了。"

你能想到对那些过去事情耿耿于怀的人吗？无法释怀？那是你吗？失败只是个事件，发生在过去的事情。它不是一个定数。希尔和卡内基的建议都是将大门紧闭，锁牢，这对于防止那些自我设限信念再次潜入头脑至关重要。

把这扇大门紧紧关上，然后重新运用你的意志力来培养自律，从失败或过去的错误中学习。错误是成长的学习机会。你会增强自信，感到自己的恐惧成了你信念的力量。这种信念会带你跨越路上面临的任何障碍。

正当我们开始掌控自己的思想时，卡内基就带着我们走出自我，强调了行动的重要性，尤其是践行黄金法则以及"多走1公里"的重要性。

成功的首要条件是健全的人格。运用黄金法则能够培养良好的品格与美好的声誉。

想要最大限度地利用这条黄金法则，你必须将它与"多走1公里"这个原则结合起来，这就是运用黄金法则的一部分内容。黄金法则提供了正确的心态，而加倍的努力则赋予了这个伟大原则行动特征。将两者结合起来会给一个人带来吸引力，促使他人与其友好合作，并提供个人积累的机会。

你的行动会极大地影响你成功的意识。但随后希尔与卡内基用一个简单但富有戏剧性的陈述将这些内容结合在一起。

在学会无私地为他人服务之前，没有人是真正地运用黄金法则生活的。

正是通过无私地为他人付出，我们的信念才能揭示出我们真正用以培养成功意识所需要的指引。通过意志力掌握自律，从失败中学习，并通过无私地为他人付出来践行黄金法则，我们将实现挖掘自我潜能的最大成功。

为了你的成功，以及你为之付出的人们。

莎伦·莱希特

《思考致富·女性版》作者、《离金矿只有三英尺》

《富爸爸穷爸爸》《成功与超越》合作作者、《战胜心魔》注释者

1883 年，拿破仑·希尔出生在美国弗吉尼亚州怀斯县偏远山区的一个只有一个房间的小屋里。他出身贫寒，母亲在他 10 岁时去世。一年后，他的父亲再婚，继母成了这个小男孩的灵感来源。在继母的影响下，希尔在 13 岁开始了他的写作生涯，在一个小镇报纸上担任一名"山区记者"。

1908 年，希尔被安排采访安德鲁·卡内基，原本 3 小时的采访变成了 3 天的采访。在采访期间，卡内基向希尔推荐了世界上第一个以成功原则为基础的个人成功哲学。卡内基向希尔介绍了一些时代巨人，包括亨利·福特、爱迪生和洛克菲勒。在接下来的 20 年里，希尔对这些杰出人物进行了采访、研究并从事写作。

1928 年，希尔出版了《成功法则》。1937 年，希尔出版了《思考致富》，这本书成了有史以来最畅销的自助类书籍，并在世界各地持续卖出数百万册。

希尔建立了拿破仑·希尔基金会，作为一家非营利的教育机构，其使命是要延续希尔的领导力、自我激励和个人成功哲学。1969 年，希尔结束了他漫长而成功的写作、教学以及传授成功相关原则的一生。他的作品就是个人成功的丰碑，是现代激励的基石。

希尔的书籍、录音、录像以及其他产品将继续激励着你，基金会为你持续提供服务，以便你能够建立起自己的个人成功资料馆……不仅帮助你获得财务上的富裕，更能获得生活中真正的财富。

　　拿破仑·希尔基金会是一个非营利的教育机构，致力于让世界变得更美好。想要了解更多关于拿破仑·希尔的信息，请浏览拿破仑·希尔基金会的所有产品（包括官方授权的书籍、音频记录和领导力项目）。

心灵没有任何限制，除非自我设限。

——拿破仑·希尔

你的人生经历将有助于激励这个世界！

通常，在我们处于最黑暗时刻的时候，或者当我们陷入困境时，我们会忘记自己拥有远大的梦想，应当遵循正确的计划并采取行动，我们也能拥有无限的可能性。像本书这样的书籍能够帮助我们重新发现真正的自己，让我们在生活的各个方面都和谐一致，激励我们做出更大的贡献，获得幸福和成功。

如果你喜欢读安德鲁·卡内基的《智力爆炸》，或者它在某种程度上帮助你实现改变，我们很乐意收到你的来信！访问下面的网站，与拿破仑·希尔基金会分享你的评论和反馈。

毕竟，你的故事可能正是拯救生命的力量。

分享你的故事：http://naphill.org。